AIにできること、できないこと

ビジネス社会を生きていくための4つの力

藤本浩司＋柴原一友［著］

日本評論社

はじめに

今、私たちの身の回りはＡＩの話題で持ちきりといっていいでしょう。すでに、日常生活の中にも浸透してきています。そしてこれは日本だけの話ではなく、先進国、そして開発途上国でも同じようなことが起こっています。つまり、世界レベルの力強い技術革新の波なのです。

ＡＩに関する新聞記事を見ない日はありません。我が家に帰れば、テレビのニュースや特集で取り上げられるのを目にしますし、インターネット上でもネットニュース、ブログ記事などにはＡＩの話題があふれかえっています。東京では毎日どこかで、ＡＩについての講演会が開かれているくらいの白熱ぶりです。

そうした近年のＡＩブームを支えているのが、「ディープラーニング（深層学習）」と呼ばれる技術です。この技術はＡＩの性能に革新を起こし、さまざまな優れたＡＩを世に送り出しています。最近では、「ＡＩが人の仕事を奪う」というセンセーショナルな話も耳にするようになってきました。

こうした流れが加速している一方で、逆に「ＡＩとはどんなものなの？」「ＡＩは何ができて何ができないの？」といった重要な点がいまひとつよく分からない、という人もまた増えてきているのではないかと思っています。たとえば、「ＡＩは理解していない」と言われても、本当かどうか疑問に思ったりしていませんか？　ニュースを騒がせているＡＩの話を耳にしていると、とてもそうは思えないのだけれど…なんて考えたこともあるのではないでしょうか。

「ＡＩとはどんなものか」といった実態は、熟練のＡＩ研究者であれば理解しています。しかし、ＡＩの基本的な知識を抜きにして説明しようとすると、どうしても断片的な表現になってしまいます。そのため、説明を聞いても結局いまひとつ良くわからなかった、という結果になりやすいわけです。

この本では、技術的な細かい話を使うことなく、「ＡＩは何ができて、何ができないのか」を納得できるかたちで理解できるようになることを目指しています。こうしてＡＩの正体さえ捉えてしまえば、その活かし方も分かりますし、逆にＡＩにできないことを自分の仕事にしていくこともできるようになる、というわけです。

ＡＩを会社に導入する流れになってきているけど、実際に何ができるのか良く分からなくて困っているビジネスマンや、ＡＩに触れてみてはいるけれど、その実態がいまひとつつかめていないエンジニアや若手研究者、ＡＩに仕事を奪われるというニュースを見て、子供の将来に不安を感じている方、ＡＩに関わる職につきたいと考えている学生の方など、ＡＩの実態について知りたいけれど、自分で専門書を調べるのは大変だと考えている方を対象として、この本は執筆されています。

本書では以下の三点を大きな特徴としています。

1．ＡＩの本質を理解することで、ＡＩにできること、できないことがつかめる

「ＡＩは何ができて、何ができないのか」を納得できるようになるためには、ＡＩの本質を理解することが重要です。そこで、前半（1章、2章）では、人間、正確には人間が持つ「知性」と比べて、ＡＩには何が足りていないのかを明らかにすることで、「ＡＩにできること、できないこと」を浮かび上がらせています。

本書では、ＡＩの本質をつかむ上で重要な点だけに絞り、高度な知識は一切使わずに説明をしています。その結果、厳密さに欠ける面もあるでしょうが、「ＡＩにできること、できないこと」がきっと納得できるようになるでしょう。さらに深く理解するために、今のニュースを賑わせているさまざまなＡＩがどうやって実現されているのかについても、「ＡＩにできること、できないこと」という観点を踏まえながら、その中身を明らかにしていきます（3章）。

2．ＡＩの本質を踏まえつつ、ビジネスへと活かすための要点が分かる

みなさんが気になるのは、ＡＩがこの先、自分とどう関わってくるか、という点でしょう。ＡＩは次第にビジネスへと深く浸透してきています。これは、世界的な流れとして起きているのです。ＡＩを取り入れていかなければ時代に取り残される、そういった不安が強くなっているのも事実です。特にビジネスマンやエンジニア、そしてこれから社会に飛び込んでいく学生の方など、どうしてもＡＩと関わらざるを得ない方々は、その必要性をひしひしと感じているのではないでしょうか。

そこで本書では、ＡＩをビジネスに活かす上で必要なことを説明します（4章）。ビジネスにおけるＡＩの事例紹介は世の中にたくさんあるのですが、本書では活かし方に注力しています。「ＡＩにできること、できないこと」といったＡＩの本質を踏まえて説明することで、ビジネスに活用するための要点が正しくつかめるようにしています。

3．ＡＩに仕事を奪われないために、人は何を身につけるべきかが分かる

みなさんがＡＩについて一番不安に思っていることは、ＡＩに仕事を奪われないだろうか、という点でしょう。そこで最後に、未来の展望や、その過程で人間に求められることは何なのかについて触れます（5章）。ＡＩを本質から理解できるようになると、「ＡＩにできること、できないこと」の全体像が見えてきます。そうなれば話は簡単です。ＡＩに仕事を奪われないためには、ＡＩができないことを身につければいいのです。

自分がこれからどう進んでいけばいいのか、あるいは子どもにどんなことを学ばせて

いけばいいのか、という方向性がきっとみえてくるようになるでしょう。

ここで自己紹介のために、少しだけ著者の会社についてお話させてもらえればと思います。私の会社、テンソル・コンサルティング株式会社は、今のAIブームが始まる前に設立されました。テンソル社の社員は、そのさらに前からAIに携わってきたAI研究者でおもに構成されています。単にAI研究をするだけではなく、「稼げる研究者集団」という合言葉を掲げて、古くからビジネスでAIを活用することに従事してきました。

テンソル社の取引先は、おもに銀行やクレジットカードなどといった金融業界が中心です。たとえば、日本初で唯一のクレジットカード国際ブランドである株式会社ジェーシービーなどは古くからの取引先となっています（本書では、読みやすさを優先して、会社名の敬称を省略して表記しています）。他にも、株式会社エムアイカードなどといった大手の企業と長くお付き合いしています。

こうして培ったAI技術はさまざまな業界へと展開しています。たとえば、伊藤忠商事株式会社のような商社系、LINE株式会社のようなSNSサービス系、三井化学株式会社のような化学系、全日本空輸株式会社（ANA）のような航空系、他にも保険業界や医療業界、EC・通販業界、アパレル業界などです。また、いくつかの大学と共同研究にも取り組んでいます。

さらには、AIの実態を知りたいという人のために、多種多様な業界の方を対象として50回以上、AIに関するセミナーを開催しています。その参加者からは、「説明が難しくなく、分かりやすかった」「自分で調べてもいまいち理解できなかったＡＩを捉えることができ、さらに自分で調べたくなった」といった好評を多くいただいています。

こうした幅広い分野でのビジネス・研究・講演の経験をもとに執筆した本書は、きっとみなさんのお役に立てると思っています。さてそれでは、ＡＩの本質を理解するためのお話を始めたいと思います。ぜひ最後までお付き合いください。

AIにできること、できないこと

ビジネス社会を生きていくための4つの力

目次

4章 AIのビジネスでの活用

1章 そもそもAIとはなにか

ＡＩとはそもそもなんでしょう？　毎日のようにニュースなどで耳にしますが、あらためて説明するのは、なかなか難しいかもしれません。

「高性能なコンピュータみたいなもの？」

「人間みたいなロボットのこと？」

なんとなくイメージはしていても、うまく言葉にはできない、そんな方も多いのではないでしょうか。

ここでは、世間で言われているＡＩが何なのか分からない、という方のために、「ＡＩとはなにか」ということからお話ししていきます。さらに、ＡＩの歴史についても触れ、どんなふうに使われているのかについて紹介していきます。「ＡＩに歴史なんてあるの？」と思われる方もいらっしゃるでしょう。最近出てきた言葉だと思われがちですが、実は、その歴史はかなり古いのです。今のＡＩが、どんな歴史をたどって、どんなことができるようになっているのか、まずは感じてみてもらえればと思います。

世間で言われるＡＩとは？

それではまず、「ＡＩとはなにか」、つまりはＡＩという言葉の定義から始めていきましょう。いくつかの一般書や専門文献、インターネット上にも、こういった話はよく書かれています。その中には、「ＡＩにはいくつかの定義がある」と書かれていたりもします。これはどういうことなのでしょうか。

実は、ＡＩの定義は歴史の中で変化しているのです。そのため「ＡＩとはなにか」を正しく捉えるのは意外と難しいのです。そこで本書では、読み進める上で適した定義をすることにします。まず、「名は体を表す」ということわざにあやかって、「ＡＩ」という言葉から紐解いてみましょう。ＡＩという言葉は、英語の Artifitial Intelligence の頭文字をとった略語です。Artifitial が「人工的な」、Intelligence が「知能」という意味です。この二つをつなげて「人工知能」という日本語になっています。

では、ここでいう「人工」とは具体的に何を指すのでしょうか。「人工知能」というからには、

「知能を実現できる人工物」という意味合いになるでしょう。これは、今の時代でいえばコンピュータのことを指します。よって、コンピュータに知能を実現させる、という夢のような技術、となります。

簡潔にまとめますと、ＡＩ＝「人工知能」とは、

「コンピュータに知的な作業を行わせる技術」

となります。これが本書で用いるＡＩの定義です。

コンピュータは、「計算機」とも呼ばれています。その名の通り、計算するために作られた機械です。一方で人間は、計算するだけでなく、眼や耳から得た情報を理解したり、何かを予測したり、対話を通じて情報交換をしたりしています。

人間が普段行う「知的な作業」の多くは、計算とは明らかに異なります。そのため、特別な工夫をしないと、コンピュータが人間と同じ作業を行うことはできません。その工夫で用いる技術こそが、「人工知能」なのです。

ここで少し疑問に思われた方もいらっしゃるでしょう。「計算する」ということも、人間以外の動物にはほとんどできません。それなら、「計算する」ことも「知的な作業」に思えませんか？

確かにその通りなのです。つまりコンピュータは、計算という「知能」を最初から持っているのです。実際、昔は電卓もＡＩと呼ばれていました。しかし今はもうＡＩとは呼びません。こうした定義の変化が、歴史の中で繰り返されてきたのです。ＡＩによって実現した知的な作業が、世間でありふれたことになってしまうと、次第にＡＩと呼ばれなくなっていきます。この現象は、「ＡＩ効果」と呼ばれています。こうした、「ＡＩの定義の移り変わり」があるので、ＡＩとは何かを正しく捉えるのは難しいのです。

本書ではこういった細かい点は無視して、「コンピュータに知的な作業を行わせる技術」という定義を使って話を進めていくことにしましょう。

ＡＩの歴史

ＡＩは、一気に注目されてきたこともあってか、最近生まれた技術だと思われている人も多いようです。実際は、データベース技術、コンピュータ通信、パーソナルコンピュータといった数あるコンピュータの技術よりも、ずっと古いのです。

コンピュータは、第二次世界大戦中、敵国の暗号を解読したり、原子爆弾の威力を計算したりするために研究された自動計算機をその基礎としています。そして戦後すぐに、エニアックという現在のコンピュータの源となる電子計算機が生まれました。「電子」とつくのは、当時すでに電子的ではない（電気を使わない）、歯車などを使った機械的な計算機があったからです。電子的になったことで、さまざまな計算問題に簡単に対応できるという画期的な特長を持つことになりました。コンピュータでいろいろなことができるのは、この特長のおかげなのです。

エニアックは、大量の計算を高速に行うことができるコンピュータでした。足し算、引き算、掛け算、割り算に加え、それらを組み合わせた複雑な計算（平方根計算）を、人間とは比べ物にならない速さと正確さで行うことができたのです。しかし、あくまで「数値を計算する」という範囲に限られていました。1951年に「ユニバック1」という商用コンピュータが開発されたことで、計算機の用途はますます広がっていきます。

そして1956年、アメリカで行われたコンピュータ技術の会議で、世界で初めてAIという言葉が使われました。計算のみに使われている計算機に、人間が行う知的な作業を行わせる、そのための研究を広げていこうじゃないか、ということが提案されたのです。この会議は、アメリカのダートマス大学のジョン・マッカーシーというコンピュータ学者が中心となり、1か月間にわたって開催されました。彼の大学で開催されたことから、ダートマス会議と呼ばれています。

第1次AIブーム

ダートマス会議の後、いろいろなAIの研究が一気に進められました。すでに分かっている知識を組み合わせて新たな発見をしたり、人と対話をしたり、人から言葉で指示された命令を実行したりするＡＩがたくさん研究・発表されたのです。他にも、三目並べといったゲームで人と対戦したり、数学の定理を証明したりできるＡＩも誕生しています。

有名なものとして、ＳＨＲＤＬＵ（シュルドゥル）という、人からの命令に従って、コンピュータ上につくった仮想空間で作業するＡＩがあります。ＳＨＲＤＬＵは、人と対話することで命令を理解します。「青色の四角い箱をとれ」と言葉で命令すれば、仮想空間上で青色の四角い箱を取ってくれるのです。もしもその箱の上に、障害物が乗っかっていて直接取れない場合は、自らの判断でその障害物をどけてから目的の箱をとる、ということもできました。

また、ＥＬＩＺＡ（イライザ）というＡＩは、人が入力した問いかけの文に対して、自然な応答文を返せるというものでした。今でいうチャットボットの第一号ともいえるものです。その特徴を活かして、心的にトラブルを持っている患者の対話セラピーとして使われたこともあります。

ただし、ＥＬＩＺＡは一見すると自然な対話をするのですが、文章を理解する機能はありませんでした。ではどうやっているのかというと、人から「みんなが私を○△□」という文章が投げかけられたとき、「誰があなたを○△□のですか？」と返す、という感じで、反応の仕方を機械的に設定しているだけなのです。

たとえば、「みんなが私を責める」と話しかけられたら、ＥＬＩＺＡは、「誰があなたを責めるのですか？」と問いかけるわけです。つまり、ＥＬＩＺＡは文章の内容を理解していません。そのため、これを人工知能ならぬ「人工無能」と呼ぶこともあります。

このように、多くのAIが発明され披露されました。そして、AIは一大ブームとなります。広く注目が集まるにつれて、AIへの期待は高まっていきました。世界中に設立されたAI研究所に研究者が集まり、多くの投資が集まっていきました。計算しかできないはずのコンピュータにも、人間のような知的処理ができるようになる、コンピュータがしゃべったり、考えたり、創作したりできるようになる、ついにはコンピュータの体をもった人間、「電子人間」が生まれる、世間はそんな期待を膨らませていったのです。

しかし、初期段階ではたくさんの成功事例が生まれたにもかかわらず、すべてのAI研究に急ブレーキがかかってしまいました。初期段階での成功とうって変わって、ぜんぜん成果が出てこなくなってしまったのです。なぜでしょうか？　研究テーマによっていろいろな理由があるのですが、一言でいうと、AIの基本的な枠組みとして用いていた方法が、実際にはごく簡単な問題にしか通用しなかった、ということが挙げられます。

当時の主流だった枠組みの一つに「記号論理的アプローチ」があります。知性をもつ私たち人間は、「AはBであり、BにはCがある」なら、「AにはCがある」という推測をすることができます。たとえば、「イルカは哺乳類であり、哺乳類には横隔膜がある」なら、「イルカには横隔膜がある」と推測できます。これは演繹推論といい、記号論理的アプローチの中心的な考え方の一つです。

これは、明らかに数値の計算ではありません。そのため、計算機を計算するためだけに利用している限りは、このような推論は行えません。ＡＩ研究の初期段階では、このような推論も計算機で行えることを実証したわけです。

しかし、実際に人間が考えるとき、「ＡはＢであり、ＢにはＣがあるとき、ＡにはＣがある」という明確な推論だけを使っているわけではありません。そもそも、みなさんも日常生活の中で、「ＡはＢであり、ＢにはＣがあるとき、ＡにはＣがある」という考え方を意識したことはあまりないですよね。

人間が何かを判断したとき、なぜそう判断したのかを明確に論理立てて説明できない、というのはよくあることです。仮に説明できたとしても、それはあくまで後づけの話です。判断するまでの過程で生まれた思考は、多くの場合、もっと複雑で混沌としています。実際のところ、「ＡはＢであり、ＢにはＣがあるとき、ＡにはＣがある」という表現だけで、説明できるものではなかったのです。

このような壁にぶつかったことで、世間のＡＩへの関心が消え、投資熱も冷めました。結局、「電子人間」は夢物語だったのか…。ＡＩは冬の時代と呼ばれる暗いトンネルに入っていったのです。

第２次ＡＩブーム

第1次AIブームから約20年経った後で、再びAIは脚光を浴びます。1985年の前後数年間、エキスパートシステムと呼ばれるAIが、あらゆる大手コンピュータメーカーから発売され始め、大プロモーション旋風が吹き荒れました。

当時の大手コンピュータメーカーは、メインフレームという大型コンピュータを製造・販売していたので、メインフレーマと呼ばれていました。IBMや、ユニバック、バロース、ミニコンメーカーのDEC注▼1、日本では、富士通、NEC、日立といったメインフレーマが、独自のエキスパートシステムを事業会社に売り込んでいたのです。

エキスパートシステムとはどんなものか説明しましょう。まず、エキスパートとは「専門家」という意味です。医師や弁護士、優秀なセールスマン、機械整備士など、専門知識と技能を使って問題解決にあたる職業の人のことを指します。つまり、エキスパートシステムとは、専門家AIであるといえます。専門家を育てるには、高度な教育が必要で、時間も費用もかかります。そのため、人数を増やすことが簡単ではありません。それなら、エキスパートをAI化できれば社会的に非常に有益だ、というわけです。

第1次AIブームでおもに使われていたのは、推論（演繹推論）を使った知的処理でした。しかし、それだけでは知識が足りなさすぎるという弱点がありました。エキスパートシステムでは、この弱点を克服するため、専門家が日々の経験から会得した判断の仕方（判断ルール）を集めて保存するしくみを作り、保存された判断ルールをAIが柔軟に組み合わせて、課題解決できるようにしたのです。

具体的に、内科医のエキスパートシステムを作り上げる例で考えてみましょう。まず、内科医のもつ判断ルール、いわば診断ノウハウを収集します。たとえば、インフルエンザにかかっているかを見極める判断ルールを、実際の内科医にインタビューして収集するのです。「患者の体温が38度を超えていて、咳が出て、関節痛もあるなら、インフルエンザの可能性が高い」といった知識（判断ルール）をいろいろと聞き出し、エキスパートシステムに登録していきます。

このようにして内科医がもつ医学知識を十分に蓄積できれば、AIは患者の体温や症状などから、インフルエンザかどうか推定できるようになります。もし、インフルエンザの可能性が高いと判断したときは、「（インフルエンザの特効薬である）リレンザを処方しましょう」という診断も下せるわけです。

第2次AIブームもまた、多くの企業が熱狂してAI導入を推し進めていました。さまざまな大手企業が、「本当にエキスパートシステムを導入すべきなのか？」という点はあまり考えず、「どこのコンピュータメーカーからエキスパートシステムを購入すべきか？」ということばかりを考えていたのです。企業はとにかくエキスパートシステムを導入して、ビジネスの効率化や高度化を他社に先駆けて実現しようとしたのです。

しかしながら、このAIブームにまたしても暗雲が立ち込め始めます。

確かに、いくつかのエキスパートシステムでは、大きな成果を達成していました。[注▼2] しかし、大半のエキスパートシステムは、なかなか期待した性能を出せなかったのです。その原因は、インタビューによる専門家からの情報収集にありました。お互いが当たり前だと分かっている常識について、わざわざ質問したりはしないという慣習が、大きな問題点となっていたのです。

患者がインフルエンザであるかどうかを判断するルールについて内科医にインタビューする例で説明しましょう。そのインタビューの際に、「その患者は、具合が悪くて来院した人ですか？」という質問を内科医にするでしょうか。病院を訪れたのですから、具合が悪いのは明らかです。内科医も暇ではありませんから、そんな分かりきった質問をして時間を割くわけにもいきません。

判断ルールを人間が使うなら、この質問は省略してもいいのですが、AIが使う場合は、そうはいきません。AIと人間は、同じ常識を共有していないからです。そのため、常識が省かれた判断ルールをAIが使うと、期待した結果が得られなくなってしまうのです。

これも、内科医のエキスパートシステム（内科医AI）を例にとって考えてみましょう。「患者の体温が38度を超えていて、咳が出て、関節痛もあるなら、インフルエンザの可能性が高い」という判断ルールを搭載した内科医AIが、東京マラソンのゴール前の救急テントに設置されていたとしましょう。

そのテントに、42・195キロメートルを完走する直前に転倒し、足首を捻挫してしまった選手が運ばれてきました。この選手は、長い距離を走ってきたばかりなので、体温は38度を超えており、ぜいぜいと呼吸が苦しそうで、少し咳き込む場面もありました。体を酷使した影響か、関節痛も現れていました。

このとき内科医ＡＩは、これらの情報を判断ルールと照らし合わせます。その結果、この選手をインフルエンザと判断し、リレンザを処方するでしょう。本当に必要なのは、転倒によるケガや、捻挫した足首を処置してあげることなのにもかかわらず、です。確かに、選手の体温や症状はインフルエンザの判断ルールと合致しています。しかし人間の医者であれば、いえ医師ではない一般人でも、「常識」的にいって、捻挫をインフルエンザと取り違えることはないですよね。

この例では、分かりやすくするために、やや極端な状況で説明しました。そもそも内科医ＡＩに、捻挫のような怪我を診せること自体が間違っている、と思われた方もいるでしょう。しかし実際のところ、内科医ＡＩの利用を、内科で扱う症状だけに限ったとしても、このような非常識な判断は十分発生しうるのです。

ＡＩ開発の現場では、こういった異常な判断が見つかるたびに、その判断にいたった過程を分析し、問題のある判断ルールの改良を行います。さきほどの例でいえば、「患者は、内科の病院を訪れた人である」などといった条件を判断ルールに加えます。こうすれば、少なくとも先ほどの問題は解消されます。

しかし、いくら繰り返しても間違いはいっこうになくなりませんでした。改善するたびに、また新たな間違いが現れる、という事態に陥っていったのです。

さらにエキスパートシステムは、致命的な壁にぶつかります。「論理的に矛盾」した判断ルールが混入してしまうことを避けられなかったのです。

たとえば、私たちは日常的に「急がば回れ」と「善は急げ」という表現を使います。しかし、これらは一見すると、一方は「急ぐな」、もう一方は「急げ」といっていて、判断結果がまったく逆です。矛盾するこの二つの判断ルールが、どちらも正しいといわれてしまうと、ＡＩは混乱してしまうわけです。

人間同士であれば、これらを状況に応じて誤解なく使い分けて会話できます。しかし、どう使い分けているかを説明してくれと言われたら、なかなか難しいでしょう。なぜなら、人間はそういったことを常識的に捉えているからです。こういった常識は、人間同士ならばお互いに無意識に理解しあっていることが多いため、わざわざ説明する必要もないのです。

人間同士で行うインタビューでは、このような常識は言葉に表れないため、判断ルールとして組み込まれません。よって、使い分けに必要な常識が省略されてしまい、矛盾した判断ルールであるかのように見えてしまうのです。こうした矛盾は判断ルールを増やせば増やすほど、入り込む可能性が増します。

そして、これらを修正するのは簡単な話ではありません。「急がば回れ」と「善は急げ」のように、分かりやすいケースはあまりありません。矛盾が込み入っていることの方が多く、きちんと整備するのはとても難しいのです。

このように、たくさんの判断ルールを矛盾なく整備するのは非常に手間がかかる上に、満足できる形に必ずたどりつけるという保証もない、ということが分かってきました。こうして、ＡＩは2回目の冬の時代を迎えることになったのです。

第3次AIブーム

第2次ＡＩブームから約30年がたち、ＡＩは3回目の注目を浴びることになります。それが今も続いている第3次ＡＩブームです。

2回目の冬の時代のさなか、だいたい1995年あたりから、一般の人々がインターネットを使えるようになりました。同時に携帯電話も普及し始めます。これにより、世間には新たな波が生まれました。大学や企業はホームページで情報発信を行うようになり、個人もブログなどで情報発信を始めるようになりました。さらに、フェイスブックなどのソーシャルネットワークサービス（ＳＮＳ）によって、個人が直接つながりを持ち始め、そのつながり自体が新たな価値をもつ情報となっていきました。

また、コンピュータを取り巻く環境も大きく変わりました。30年前、50メガバイトのハードディスクの価格は1万円以上しました。現在では1テラバイト（100万メガバイト）のハードディスクが1万円せずに売られています。つまり、価格が2万分の1になっているのです。裏を返せば、個人が消費するデータ量が何万倍にも増えたともいえるでしょう。

そのような膨大なデータを処理するコンピュータも、もはや大きな1台の機械ではありません。

何千、何万台のコンピュータが密接に結合されたクラウドコンピュータへと移行してきています。これにより、データの処理能力も向上し、とても大きなデータの処理を、高速に行えるようになってきたのです。

この流れにあわせて、ＡＩ研究も、大きなデータを活用する方向に軸足が移っていきます。そもそも先のＡＩブーム衰退の原因は、知的判断に用いる知識（判断ルール）を、専門家へのインタビューで獲得しようとした点にありました。人間同士のやり取りであるがゆえに、常識的な前提知識が省略されてしまい、正しく判断するための知識としては不完全なものになってしまっていたわけです。その反省から、「過去に起きた事実の集まり」ともいえる「データ」から、直接知識を獲得しようという流れが主流になってきました。

その主軸となっているのが、機械学習というＡＩの一分野です。そしてさらに、データマイニングという研究分野も生まれました。これは大量のデータ、今風にいえばビッグデータから、ビジネスなどに役立つ知識を抽出する技術のことです。

ＡＩの一分野である機械学習とデータマイニングは、多くの共通点があります。実際には、どちらも似たような技術を用いているのですが、目指すゴールが少し異なります。機械学習は「機械による知的処理の実現」をゴールとしていますが、データマイニングは「人間にとって有益な、新たな知見の発見」をゴールとしています。つまり、人間が理解できる形で、価値のある情報が得られるかどうかが、データマイニングでは重要となるのです。

図 1-1　AI ブームの変遷

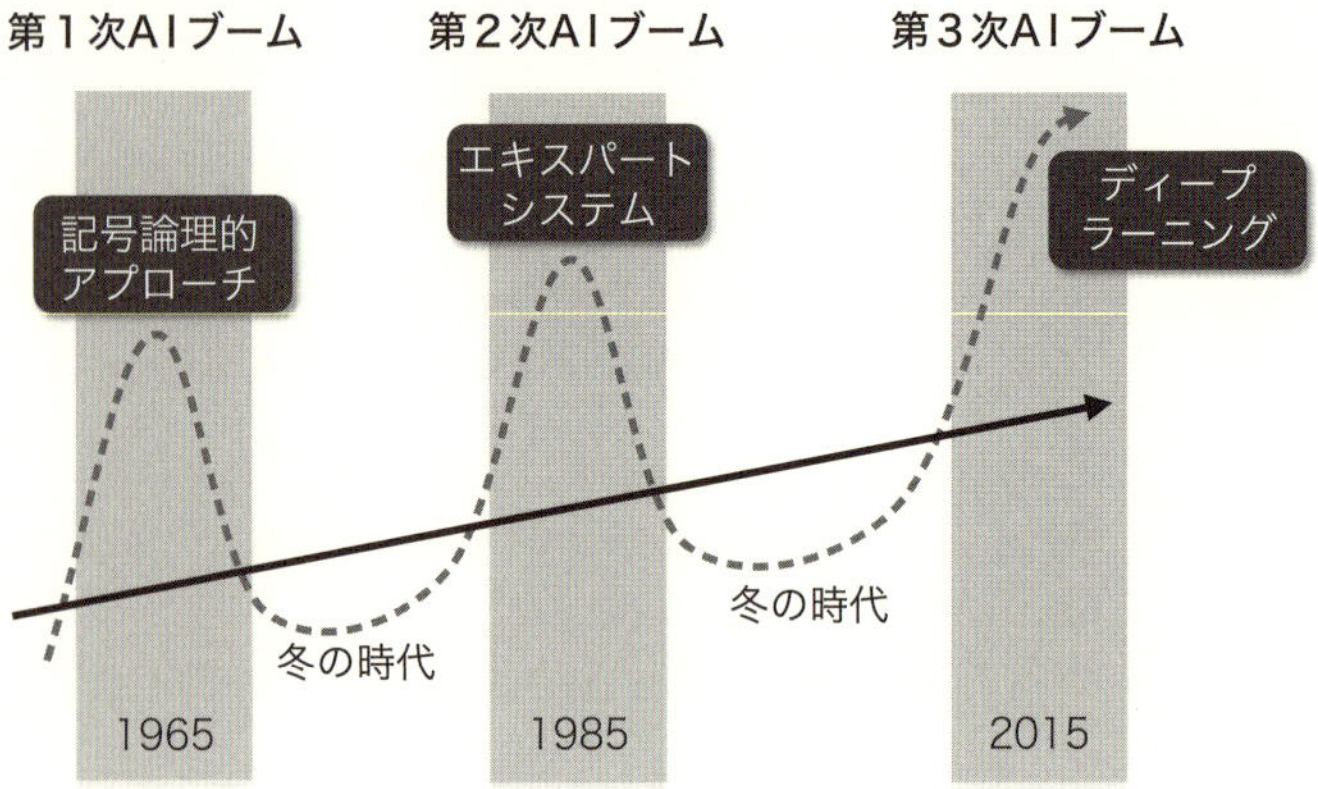

そうはいっても両者のゴールはかなり近いので、だいたい同じものだと思ってよいでしょう。実際、機械学習とデータマイニングの書籍の目次を比較してみれば、同じ技術がベースになっていることが分かると思います。実際のところ、どちらの学会にも顔を出すというＡＩ研究者も多いのです。

そんな流れが生まれ始めた冬の時代では、ＡＩという名がつくだけで過小評価されがちでした。第３次ＡＩブームに入った今とはまったく逆だったのです。冬の時代に、ニューラルネットワーク（ディープラーニングの基礎となった技術）を紹介するときに、「ＡＩとは言うな」とアドバイスを受けたことさえあります。

似たような技術をベースに持つデータマイニングが、ＡＩの一分野という表現から距離を置き、あたかも別の技術だという顔をしていたのは、そういう背景があったからかもしれません。

そんな長い冬の時代が、ついに終わりを迎えます。大量のデータと、それを高速に処理するコンピュータとがそろったことで、今まで困難だったことがAIで実現できるようになったのです。その中心技術となっているのが、冒頭で少し触れたディープラーニングです。そしてそこから生み出されたさまざまなAIが、今のAIブームを支えているのです。

活躍するAI

さて、それでは今の第3次AIブームに、どんなAIが活躍しているのかを紹介していきましょう。今のAIブームを形作っている主要な分野ごとに、お話ししていきます。

本書では、予測を行うAIを「予測系AI」、言語を扱うものを「言語系AI」、画像を扱うものを「画像系AI」と呼ぶことにします。学術的にこのような呼び方はあまりしませんが、ビジネスの分野でよく登場する、この三つのAIで切り口を分けて詳しく見ていきたいと思います。あわせて、近年注目を浴びている「ゲーム系AI」についても触れます。もちろん、ここで紹介する以外にも音声認識や、作曲など、いろいろな分野があります。

予測系ＡＩ

人間の知的作業の一つに、将来のできごとを予測したり、あるいは現在や過去のことであっても、いまだ不明なことを推測したりする能力があります。このような能力を実現するＡＩを、本書では予測系ＡＩと呼ぶことにします。

予測するという能力は、すでにＡＩの黎明期から研究されてきました。１９８０年代には、ビジネスの世界でも使われています。たとえば、石油資源探査の分野では、シュルンベルジェという会社で油田を効率的に発見するために使われました。試しに少し掘ってみたときの状況をもとに、もっと掘り下げたら石油が出るのかどうかを、エキスパートシステムを使って予測したのです。

地質学的に有望な油田候補地だと分かっていても、その範囲はとても広く、どこに井戸を掘っても石油が潤沢に出てくるわけではありません。そこでまず、いくつかの地点を試しに掘ってみるわけですが、時間も費用も多くかかるので、そう何度も掘ることはできません。この状況を改善するために、掘り下げた地中から得られた情報（岩の種類、酸・アルカリといった化学的特性、磁力や電気抵抗などの物理特性）を調べ、その変化によって石油がありそうかをエキスパートシステムに判断させたのです。これはつまり、地質学の専門家をＡＩ化して、効率的な油田発見に活躍してもらった成功例と言えます。

第2次ＡＩブームでビジネス的にも成功した予測系ＡＩは、その後の冬の時代や、第3次ＡＩブームでも引き続き活躍しています。たとえば金融業界では、顧客の将来の購買行動を予測したり、リスク発生を予測したりしています。

まず、将来の購買行動の予測について触れていきましょう。私たちの家庭には、生命保険などの勧誘ダイレクトメールがよく届きます。多くの場合、これらはランダムに送っているのではありません。ダイレクトメールを送るのにも費用がかかりますから、何も考えずに送っていては会社が損をしてしまいます。そこで、内容に少しでも興味をもってくれそうな人、保険を申し込んでくれそうな人を予測して送っているのです。

こう聞くと、「私のところには、興味のないダイレクトメールがよく送られてくるぞ！」と思われる方もいらっしゃるでしょう。実際のところ、ダイレクトメールが送られた100人のうち、実際に申し込みをしてくれるのは、ざっくりいって1人くらいです。つまり、ダイレクトメールが送られた人の大半は、「あまり興味がない」と思っていることになります。

だからといって、予測系ＡＩが役に立っていないわけではありません。もしＡＩを使わないでランダムに出してしまうと、申し込みをしてくれる人が1000人に1人くらいという低い割合になってしまうのです。そのため、予測系ＡＩを使わない場合に比べたら十分効果があり、収益的にも価値があるのです。

さて次に、リスク発生を予測する話について触れていきましょう。リスク発生の予測では、借り入れを希望する利用者に対してお金を融資した際、きちんと返済してもらえなくなる可能性がどれくらいあるかを見積もる、ということをしています。その結果によって、融資できるのか、できるのであればいくら融資していいのか、ということをＡＩが判定しているのです。

リスク発生の予測は、予測系ＡＩとの相性がとても良いものの一つです。すでに金融商品、たとえば個人ローンやクレジットカードの申し込み審査でよく導入されています。もうすでに、こういった融資の審査作業の一部は、ＡＩにとって代わられているのです。

言語系ＡＩ

私たち人間が情報交換をするとき、日本人同士なら日本語を使います。グローバルな世界であれば、英語を使うことが一般的でしょう。

一方で、人間とコンピュータが情報交換をしたり、命令や指示をしたりする場合は、どうしているのでしょうか？　一つの方法としては、人間側がコンピュータの理解できるコンピュータ用の言語（ＪａｖａやＰｙｔｈｏｎなど）を理解し、それを使ってコンピュータとコミュニケーションをすることが挙げられます。これは「プログラミング」と呼ばれる、古くから使われている方法です。

逆に、コンピュータ側に日本語や英語など（これを、工学的には自然言語といいます）を理解させ、人間の言葉で質問に答えさせたり、情報交換させたりすることも考えられます。これをコンピュータにさせるには、言葉を理解するという知的な作業が伴います。よって、AIで実現させるしかありません。

この領域を、予測系AIとは異なる技術とみなし、本書では言語系AIと呼ぶことにしました。研究者の世界では、自然言語処理や、計算言語学などと呼ばれています。言語系AIも、古くから研究されています。第1次AIブームで現れたELIZAも言語系AIです。第2次AIブーム以降に発展したデータマイニングの中にも、テキストマイニングという分野がありますが、これも言語系AIの仲間といえるでしょう。

しかし、この分野は第3次AIブームで大きく発展しました。2015年ごろ、日本のメガバンク3行（みずほ銀行、三井住友銀行、三菱UFJ銀行）が、IBMのAIであるワトソンを一斉に導入するというニュースがありました。三井住友銀行では、コールセンターでの電話応対をサポートする業務を行っています。利用者から受けた質問に対して、ワトソンが回答候補を瞬時に提示することで、人間が回答を考える負担を軽減しています。[1] その回答の素早さは人間と同程度であり、回答の正しさも8割を超えているそうです。

ワトソンとは、どんなAIなのでしょうか？　これはもともと、AIの研究分野の一つである「質問応答システム」に属するAIです。簡単に言うと、さまざまな質問に対して、百科事典などの情報ソースを調べて答えを探し出し、回答してくれるAIです。質問は日本語などで行うため、言語系AIに区分できます。

ワトソンは、2011年にアメリカの人気クイズ番組「ジェパディ！」に出場し、クイズチャンピオンを圧倒したことで一気に有名になりました。すでにクイズの領域で、人間を超えたAIというわけです。

ワトソン以外にも、さまざまな言語系AIが身近な場所に誕生しています。ソフトバンクの「Pepper（ペッパー）」やマイクロソフトのチャットボット「女子高生AIりんな」は、人間の言葉を聞き取ったり、読み取ったりして、適切な回答を自然言語（日本語など）で返してくれますが、これらも言語系AIです。iPhoneのSiriや、AndroidのGoogleNow、アマゾンのAlexaなどといった、AIスピーカーも言語系AIです。

特に第3次AIブームでは、ディープラーニングの発展によって、言語系AIの性能が大きく進化しています。2018年にグーグルは、電話予約を代替してくれるAI「Duplex」を発表しました。[2] これは、電話予約を音声でやってくれるAIで、相手に会話を遮られても自然に対応するなど、人間と間違えそうなくらいに自然な対話を実現しています。また、違う国の言語に翻訳してくれる自動翻訳AIも、一昔前とは比べ物にならないくらい高い精度になっています。

コンピュータが理解できる言葉を人間側が覚えなくてはならないというのは大きな障壁でした。しかし、近年の言語系AIの発達は目覚ましく、AIが日常社会にどんどん溶け込んできています。いずれ、「人間だと思っていた相手が、実はAIだった」なんてことも起こりうるのかもしれません。

画像系ＡＩ

人間はとても多くの情報を眼から得て、それをもとに行動しています。前から歩いてくる人を認識するときも、本を読むときも、買い物でほしい商品を見つけるときも、ほぼ日常的に眼からの情報を使っています。

一方、ＡＩは画像情報を扱うことが苦手でした。しかし、文字の認識や人の顔の認識といった限られた範囲であれば、第３次ＡＩブーム以前から成果を挙げていました。たとえば、「画像に写っているのは文字しかない」と限定されていれば、何が写っているのかを見分けやすくなる、というわけです。

人の顔の認識についてはどうでしょうか。人の顔は、一人ひとり特徴が違うでしょう。とはいっても、それほど大きな違いではありません。ほとんどの人は、卵型の円のほぼ中央のあたりに、眼が左右対称に程よい位置で付いていて、その下に鼻が、さらにその下に口があります。そのため、人の顔かどうかを判別することに限定すれば、早くから十分な成果を挙げていました。人の顔を認識してピントを合わせるデジタルカメラは、２００５年には発売されています。また、文字を認識する技術は、すでに１９６８年に実用化されています。これは、郵便物の郵便番号を読み取って、宛先ごとに振り分けるために使われました[3]。

一方で、こういった限定はせず、あらゆるものを画像から読み取ることは、これまでの技術では困難でした。しかしこの数年、ディープラーニングを使うことで、その性能が飛躍的に向上したのです。画像に写っている物体の名称を答えるという課題では、２０１５年に人間を超えるレベルへと到達しています。

このＡＩを応用する方法として、注目されているのが自動運転です。車の車載カメラを通じて、前方の道路の縁石や白線、周囲の車や人を認識できるようになったことで、ＡＩが自動で車を運転することができるようになってきたのです。

もうすでに、追突しそうなときに自動でブレーキをかけたり、高速道路を自動で運転したりする車は販売されています。最近では、都心部の公道で自動運転タクシーを走行させる実証実験も行われています。[4] こうした動きをみると、車を運転する職業がなくなる日も近いのかもしれないと思えてくるでしょう。

もちろん、画像認識の応用は自動運転にとどまりません。医療で撮影された画像から異常が疑われる箇所を発見したり、監視カメラの画像から不審な人物を見つけたりするなど、さまざまな応用が行われています。

さらに最近では、ＡＩが自分で画像や絵を一から作りだすという技術も誕生しています。２０１７年にマイクロソフトが発表した技術では、英語の文章を与えることで、ＡＩがその文章に合った画像を一から作りだします。[5] つまり、イラストレーターなどの代わりをＡＩができるようにもなっているのです。

たとえば図1-2は、「this bird is red with white and has a very short beak（とても短いくちばしをもつ、白色が混ざった赤い鳥）」という英文を与えたときに、AIが書き上げた鳥です。これはAIが描いたので、実在する鳥ではありません。しかし、本物と見間違うくらいの画像となっています。

この技術を応用することで、画像を変化させるAIなども生み出されています[6]。図1-3に示した例のように、写真の絵をフランスの印象派の画家であるモネの絵画風に変化させたり、馬をシマウマに変えたりすることもできるようになっています。

CG技術の発達により、こういった画像加工を人が行うことはできるようになっていました。それをAIが代わりに行えるようになってきたわけです。

図1-2　画像の生成例

文献［5］より

ゲーム系AI

ゲームは、AIがすでに人間を超え始めた分野といえるでしょう。そもそもゲームはAIと非常に関連が深い分野でした。西洋で有名なゲームであるチェスは、非常に古くから機械ができるようになることを期待されていました。西洋の人にとって、チェスができることが知性の象徴だったためです。つまり、AIがチェスで強くなることは、AIが優れた知性

図 1-3　画像を変化させる例

文献［6］より

を持っているという証拠になると考えられていたのです。

　こうして優れた知性を持つことを証明すべく、ゲームでの研究が進められた結果、IBMが作ったAI「ディープ・ブルー」が1997年に世界チャンピオンを打ち負かしました。これを境に、AIが知性を証明するための新たな目標は、将棋や囲碁へと変わっていきます。

　将棋や囲碁は、チェスに比べて選択肢が非常に多いことなどから、チェスよりも難しい問題とされています。そのため、人類を超えるのは当分先の話になるだろうと考えられていました。

　しかし、2016年3月、世界トップクラスの囲碁棋士であるイ・セドルに対し、AI「AlphaGo」が5番勝負で4勝1敗と圧倒しました。さらに、2017年5月には将棋でもAI「ponanza」が佐藤天彦名人を破りました。長い歴史を誇るゲームである将棋や囲碁において、ついにAIが人間を超えたのです。

さらに驚くべきことに、最近のAIは、人類がこれまでに培ってきた長い歴史を一切使わずに強くなっているのです。人が一から何かを学ぶ場合、「お手本」を見たり、熟練者にコツを教えてもらったりすることが多いでしょう。将棋や囲碁でも同様で、プロ同士が対戦した結果（棋譜）などから学ぶことが基本となります。AIも最初は、似たような方法を取り入れていました。

しかし、2017年に発表された「AlphaGo Zero」や「AlphaZero」では、こういった情報を一切使っていません。名前の通り、ゼロ（Zero）から始めて、AIが自分一人で試行錯誤することで人間を超える強さを身につけたのです。さらに驚異的なのはその学習速度です。「AlphaZero」は、将棋はたったの2時間弱、囲碁でも8時間で人間を超えるレベルへと到達しています。[7] ルール以外ほとんど何も知らない状態から、一日と掛からずに人間を超えることができるのです。

人類が培った歴史をまったく参考にしていないため、AIによるゲームの仕方は、人間の常識を大きく覆すものでした。人間ならまず選ばない、つまり悪いとしか思えない選択肢でも、AIは先入観なしに、選択肢の良し悪しを冷静に判断して選びます。今では、プロがAIから新しい選択肢を学んでいる状況となっています。これは「これまでの常識に捉われない新しい発想」を

ＡＩが創造した、といっても過言ではないでしょう。

2章 AIの実態

前章では、ＡＩとは何かという理解を深めるため、一般的な観点からＡＩを紹介しました。中には、人間を超えるＡＩも誕生しています。これでは、ＡＩが人間の仕事を奪うのではないか、という不安が出てくるのもうなずける話です。

しかし本当にそうなのでしょうか？　ＡＩブームのさなかにある今においては、ＡＩが失敗した話よりも、成功した話の方が大きく報道されるでしょうし、「ＡＩは何でもできる」と思わせようとする記事も多いでしょう。

こういった状況で不必要に踊らされないようにするためには、ＡＩには何ができて何ができないのかを正しく理解することが重要です。しかし、ＡＩは最先端研究が集まっている分野なので、難しい話を紐解かなければ実態を正しく捉えることは難しいでしょう。それは大変だから、重要なポイントに絞って、理解したいところだけ教えてほしい、というのがみなさんの本音ではないでしょうか。

本章では、「ＡＩに知性はあるのか」というポイントから掘り下げることで、ＡＩの実態を納得できるかたちで理解できるように説明していきます。その中でどうしても出てくる難しい話については、要点を絞ることで、難しくなりすぎないように工夫して説明しています。みなさんがＡＩの実態を正しく理解できることが重要ですから、細かい点には目をつぶっていただければ幸いです。

ＡＩに知性はあるのか？

ＡＩが人間を完全に超えるためには、知性が必要不可欠でしょう。高い知性を持っていることこそが、人間が持つ最大の特徴といえるからです。つまり、知性がＡＩに備わっているのかどうかを掘り下げれば、おのずとＡＩの実態が明らかになっていくはずです。

そのためにはまず、知性という言葉が何を指すのかを決めなくては始まりません。辞書で調べれば、「物事を知り、考え、判断する能力」（『デジタル大辞泉』、小学館）と出てはきますが、これではあまりにざっくりとしすぎていて、具体的なイメージにはたどり着けません。

そもそもなぜ「ＡＩに知性があるのか」を知りたかったのでしょうか。それは「ＡＩは人間の仕事を奪えるのか?」を明らかにしたいからでした。つまり、人間から仕事を奪えるだけの優れた能力が備わっているのか、ということを知りたかったわけです。よって、知性には「人間のように、いろいろな仕事をこなせる」能力が必要となります。

人間は未経験の仕事や、新しく出てきた課題であっても、こなせる力を持っています。それはなぜかといえば、新しい仕事や課題に直面したとき、その解決方法を自分で見つけだすことができるからです。環境は常に変化しています。日々、新しい課題は生まれてくるでしょう。そんな環境において、最初はうまくできなくても、自分で考え、試行錯誤することで、より良い成果を達成できるようになることが「人間のように、いろいろな仕事をこなせる」ためには必要だと考えられます。そこで、これまでの話をまとめる形で、本書では知性を

「自分で考えて環境に対応し、より良い成果を達成する能力」

と定義することにします。

この定義は「AIは人間の仕事を奪えるのか?」という観点から決めたものなので、本当に知性を正しく捉えているのか疑問に思うかもしれません。そこで、少し別の角度からこの定義を見つめなおしてみましょう。

知性は、人間が生き抜くための能力ともいえます。人間には、クマのような力もなく、チータ

ーのような足の速さもなく、イルカのような泳ぎの上手さもなく、鳥のように飛んで逃げることもできません。それにもかかわらず、地球上でより良い立場を獲得したのは、高い知性を持っていたからでしょう。

つまり知性は、生き延びるための力、サバイバル能力とも考えられます。環境に振り回されていては生き残れません。自然災害や、外敵からの攻撃といった自分を取り巻く環境の変化に対して、自分で考えて対応し、より良い成果を達成して有利な状況を築いていけることが、知性のもつ力だと考えられます。

こうして別の角度から見つめなおしてみると、知性の定義にそれほど違和感がないと感じられたのではないでしょうか。もちろん、「知性を構成する能力はこれだけではないはず！」という意見もあるでしょうが、重要な点は押さえることができていると思います。そこで、以降ではこの定義を使って、話を進めていくことにしましょう。

強いAIと弱いAI

前章で、本書におけるAIとは「コンピュータに知的な作業を行わせる技術」だと述べました。では、今のAIはどうやって「知的な作業」を実現しているのでしょうか？　AIを実現するためのアプローチとして、強いAI、弱いAIという二つの考え方があります。

強いAIとは、知性の仕組みを明らかにした上で、その仕組みをAIに搭載して、コンピュータに知的な作業を行わせる方法です。搭載された知性は、生まれたばかりの段階では、ほとんど何も理解していません。しかし、「自分で考えて環境に対応し、より良い成果を達成する能力」を持っています。つまり、必要なことを自ら学んでいくことができます。

たとえば、小学校の算数ドリルを手に取れば、徐々に小学校の算数を間違えずに答えられるようになるでしょう。いずれは、中学、高校の教科書を手に取り、もっと複雑な問題も解けるようになっていきます。こうして学び続けたＡＩは、高度な数学の能力が必要な職業、たとえば一級建築士の仕事をこなすことも可能になっていくでしょう。このように、知性があれば人間と同じ成長の仕方ができます。まずは初歩的な知識を獲得し、それを基礎として、さらに高度な課題を解決できる能力を身につけていく、というやり方です。

強いＡＩのアプローチは、理にかなった方法に思えるでしょう。しかし、残念ながら現実的ではないのです。なぜなら、知性の仕組みをまだ誰も解明していないからです。解明できていない以上、作り方も分からないのです。

みなさんはテレビの番組で、「人間が計算をしているとき、脳のこの辺りが活性化しています」なんていう説明とともに、活性化した領域に色がついた脳の画像を見たことがありませんか？　脳科学では、脳のどのあたりでどんな知的処理がされているか、ということが明らかになってきています。

しかし、これで知性の仕組みが明らかにされたわけではありません。「脳のどのあたりで、どんな知的処理がされているか」ではなく、「具体的にどのような仕組みで、知的処理が生み出されているか」が重要だからです。現在の脳科学でも、その仕組みは解明しきれていません。脳科学者ですら知性の仕組みが分かっていないのですから、ＡＩ研究者が知性をＡＩに搭載することなどできません。

強いＡＩというアプローチは、理想的なＡＩを夢見る人にとって、とても魅力的な考え方でしょう。しかし残念ながら、現時点ではまだ遠い夢なのです。哲学的な議論において、今もよく語られるアプローチではあるのですが、強いＡＩを実現させた方法という内容で執筆された研究論文を見たことがありません。

それでは、現在のＡＩはどのようなアプローチでつくられているのでしょうか？　それがもう一方の、弱いＡＩという考え方です。すべてのＡＩ研究者は、弱いＡＩに基づいてＡＩを作り上げています。弱いＡＩとは、

知的な作業に等しい結果を得られる仕組みを作る

というアプローチです。

一見すると、ＡＩの定義「コンピュータに知的な作業を行わせる技術」と何が違うのかよく分からないかもしれません。そもそも、知性の仕組みは分かっていない、とお話ししました。これは

図2-1　強いAIと弱いAI

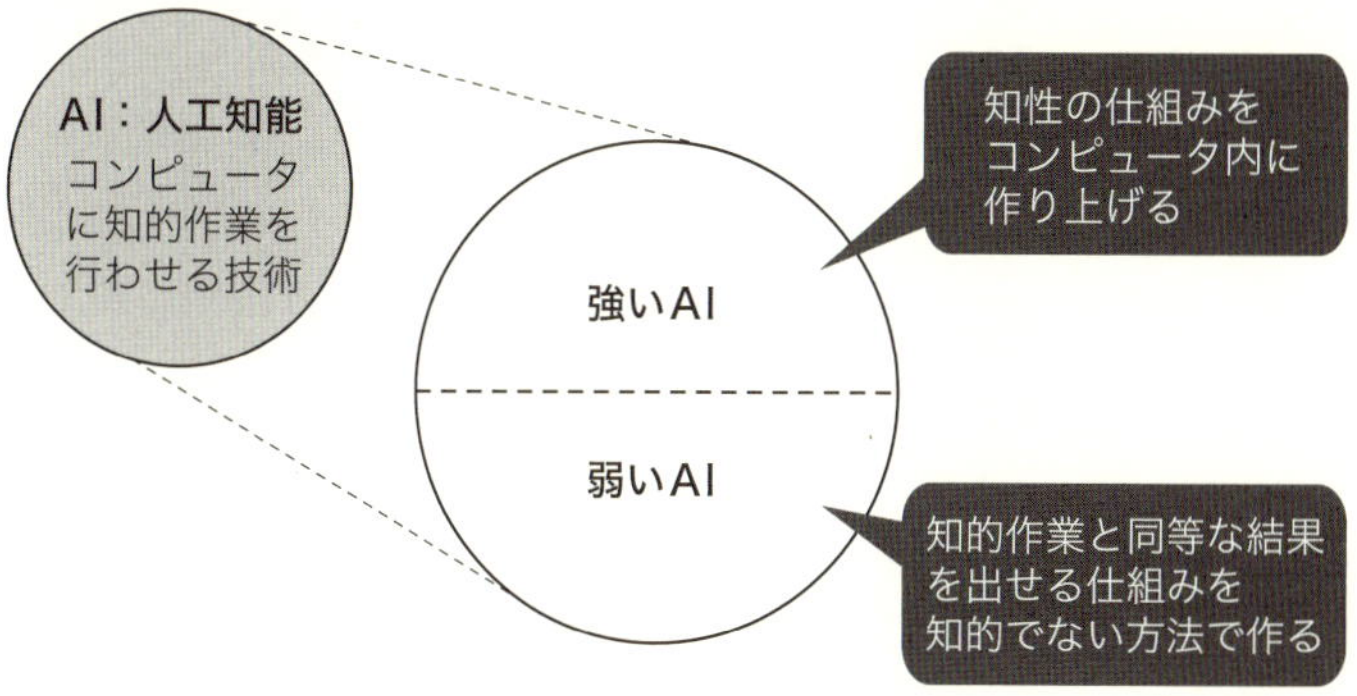

つまり、知的な作業を行わせる仕組み自体が、今はまだないということです。それを思い出して、もう一度弱いAIを分かりやすく説明しなおすと、

知的な作業に等しい結果を得られる仕組みを、知的ではない方法を使って作る

ということなのです。つまり、今のAIに知性はないのです。

では、知的ではない方法でどうやって知的な作業をするのでしょうか。それは、以降で詳しく説明していきます。ただ、基本的な考え方についてはあらかじめ触れておきましょう。それは非常にシンプルです。外部の知性に助けてもらうのです。つまり、人間に知的な作業の方針を設計してもらうわけです。なんだか拍子抜けだなぁと感じる方もいらっしゃるでしょう。でも実際のところ、今のAIは、人間の力に大きく頼っているのです。

しかし、ありとあらゆる問題に対して、人間が一つひとつ手助けするのは大変です。そこで、もう一つ重要なポイントがあります。ＡＩの適用範囲をぐっと絞るのです。たとえば、いきなり車を運転することを目指すのではなく、まずは「前方に危険な障害物を見つけたら、急ブレーキをかける」ことを目指す、といった具合に範囲を絞ってＡＩにやらせるわけです。

これはなにもＡＩに限った話ではありません。一般の問題解決においてもいえることです。難しい課題は、それより簡単で小さな課題に分割して、それを一つずつ解きほぐしていけば解決しやすくなります。

世にあるＡＩが、人間の知性にどう頼っているのか、どんなふうに適用範囲を絞っているのか、それはこれから少しずつ紐解いていくことにしましょう。

今のＡＩの作り方

予測系ＡＩ、言語系ＡＩ、画像系ＡＩ、ゲーム系ＡＩなど、前章でさまざまなＡＩについて触れてきましたが、これらはすべて弱いＡＩです。強いＡＩなら、子供が大人へと育つように、ひとりでに新しいことをいろいろ学んでいけます。

しかし、弱いＡＩは知性を持ちませんので、勝手に言語やゲームを学習したりすることはできません。それぞれの問題に対して、ＡＩ設計者が適用範囲を絞った専用のＡＩを作っているのです。そのため、言語を話すように設計されたＡＩが、ゲームを学習することはできないのです。

人間は、眼で状況を把握し、次に起こることを予測し、すべきことを言葉で伝える、といったさまざまな行動を一つの脳で行うことができます。しかし、今のＡＩは作業ごとに専用のＡＩを用意しています。もし二つの作業を組み合わせて実行したいなら、ＡＩ設計者があらかじめつないでおかなければなりません。たとえばＡＩスピーカーは、音声系ＡＩと言語系ＡＩをつなげて作ります。音声系ＡＩが、音声を処理して文字のデータに変換し、その文字データを言語系ＡＩが処理する、といった具合です。

もちろん、専用のＡＩを作るといっても、すべて一から考えて作っているわけではありません。基本となる作り方があります。今のＡＩを作る上では、次の三つが代表的なものとなっています。

・教師あり学習
・強化学習
・教師なし学習

まずは弱いＡＩに用いられているこれら三つについて理解を深めていきましょう。今のＡＩが

図2-2 問題集のイメージ

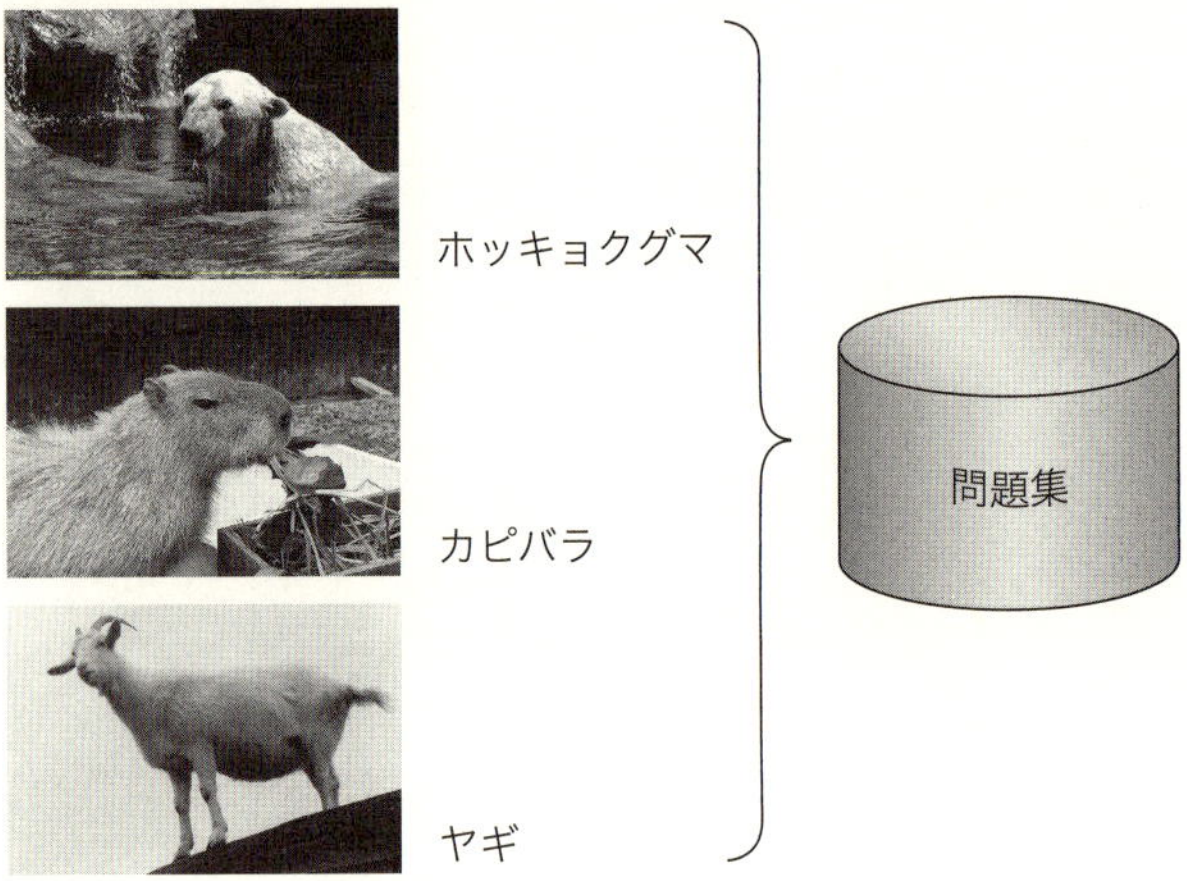

どう作られているのかを知れば、ＡＩが知性を実現する上で何が足りないのかが少しずつ見えてくるでしょう。

教師あり学習

もっとも基本的な作り方が、教師あり学習です。問題文と正解が書かれた問題集を用意し、問題文を読んで正解を答えられるように学習します。人間が試験勉強をする際に、問題集を使って勉強するのと同じ考え方です。

具体的に、画像認識のＡＩを作る例で見てみましょう。画像認識とはＡＩに画像を見せて、写っている物体が何なのかを判別させる、というものです。

教師あり学習を使ってＡＩを作る場合、まずは解きたい課題に対応した問題集を用

図2-3　教師あり学習のイメージ

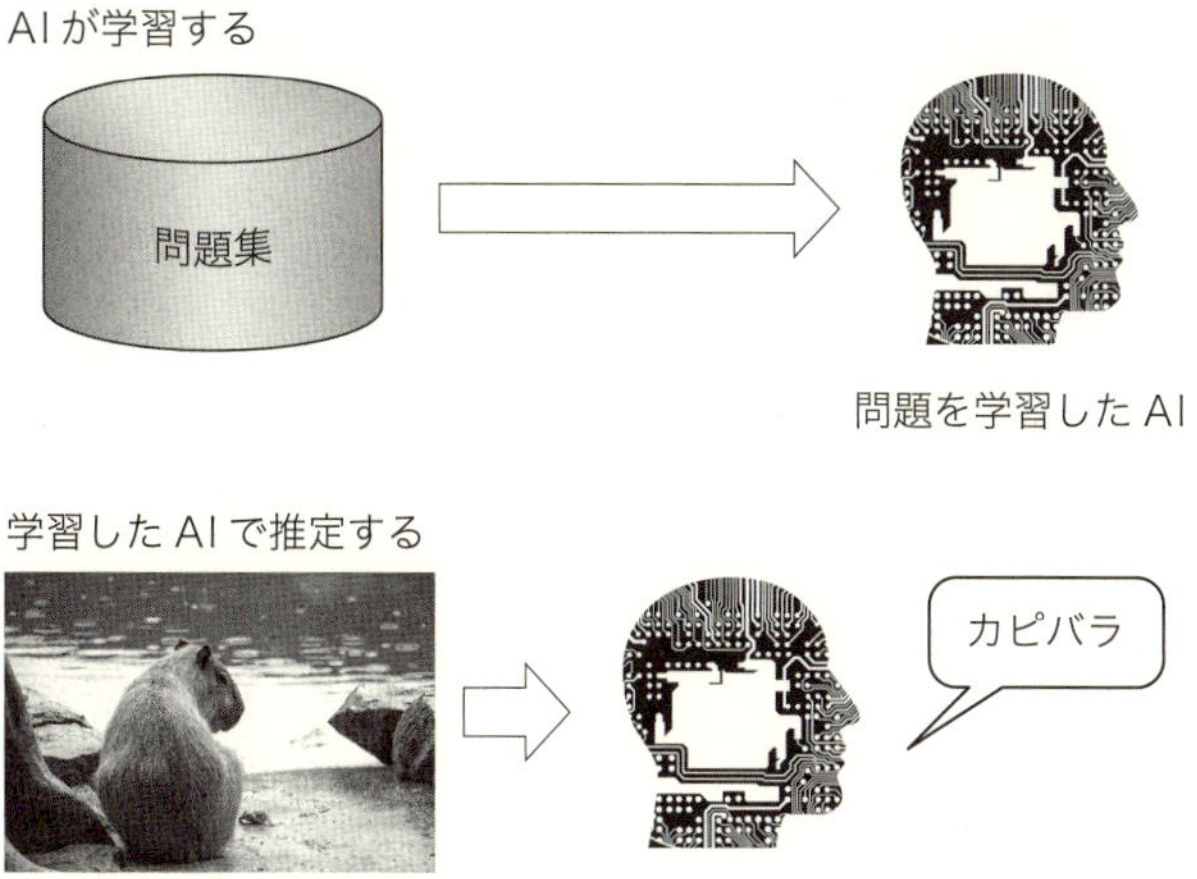

意します。画像認識の場合は、認識したい物体が写った画像と、その「正解」、つまりその物体の名前、という組となります（図2-2）。

次に、用意した問題集を使ってＡＩに学習させます。教師あり学習では、問題集の中にある画像を見せられた（入力として与えられた）ときに、その正解を正しく答えられる（出力できる）ように学習していきます。こうすると、問題集の中にはない新しいカピバラの画像をＡＩに与えたときでも、「カピバラ」という解答を返せるようになるのです（図2-3）。

教師あり学習の特徴

ここまでの話だけを聞くと、まるで人間と同じであるかのように感じるでしょう。

図 2-4 例題 1

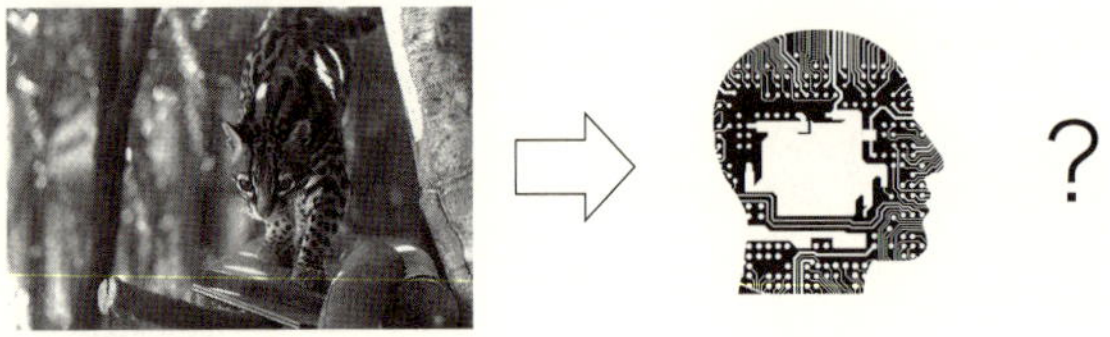

問題集を使って学習するのは、人間もよくやる方法です。ＡＩと人間がどう違うのかを知るためには、もう少し詳しい特徴を知る必要があります。

ただし、ここでの目的は、ＡＩが知性を実現する上で何が足りないのかを明らかにすることですので、技術的な深い話には踏み込みすぎずに、重要な点に絞って触れてみます。

◎正解は人間が決める

さて、突然ですが問題です。図2-4をＡＩに見せたとき、ＡＩは何と答えるでしょうか？　一見するとネコのように見えます。確かにこれはネコ科の動物なのですが、より正確にはオセロットといいます。この画像を見たとき、ネコと答える人も、オセロットと答える人もいるでしょう。どちらも正解です。

では、ＡＩは何と答えるのでしょうか？　それは、問題集の中身によって変わります。ＡＩはあくまで、「問題集に書かれた正解」を正しいと捉えて学習します。正解が「オセロット」となっている問題集で学習したなら、ＡＩはオセロットと答えるようになります。

図 2-5　例題 2

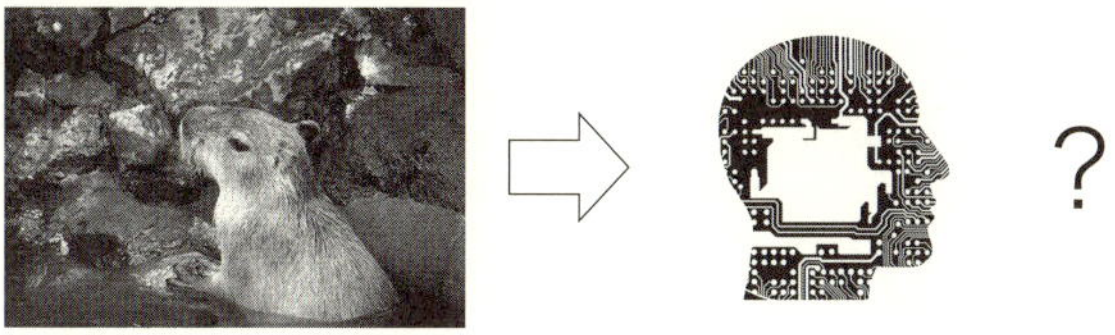

逆に正解が「ネコ」となっているのであれば、ネコと答えるようになります。つまり、AIが何と答えるかは、学習に使った問題集次第、つまり問題集を作成した人間（AI設計者）の判断によって決まります。

基本的にAIは、AI設計者が与えてくれた正解を疑いません。仮にオセロットの画像の正解が「タコ」と書かれていたら、AIは「タコ」と答えるように学習してしまいます。

AIは公平な観点で判断してくれるとよくいいますが、あくまで「正解」は人間が決めているのです。AIはその正解に従って（「忖度（そんたく）」など一切せずに）厳正に判断してくれる、という意味で公平なだけなのです。

したがって、正解を正しく設計できていなければ、「公平な」判断などできません。たとえば、政治家が一般市民より得をすることを「正解」だとしていた場合、AIはその「正解」に従って、忖度など一切ない厳正な判断を下します。つまり、定められた「正解」どおりに、政治家が得をするように判断するわけです。

図2-6　**左右反転で生じる違い**

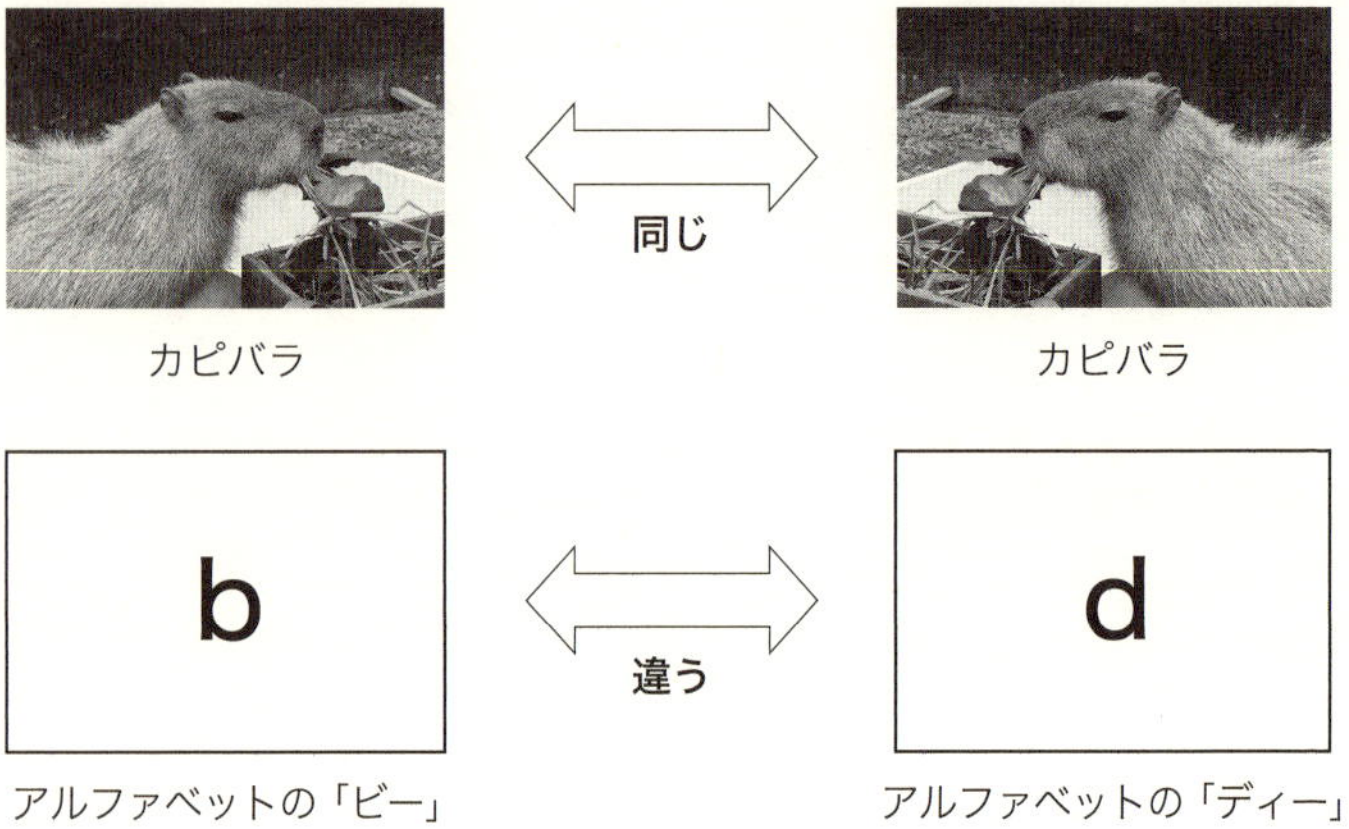

◎入力として与えられた情報以外の知識は考慮できない

ＡＩは基本的に、問題集にある問題の情報だけを用いて、正解を推定します。そのため、与えられた情報以外の知識を勝手に活用することはできません。

たとえば、図2-5をＡＩに見せてみたとき、ＡＩはどう答えるでしょうか？　これは、先ほどの例にも出てきたカピバラです。ただ大きく違う点は、「左を向いている」というところです。これまでに示した画像ではすべて右を向いていました。

人間からしてみると、「左右を逆にして考えればいいだけでしょ？」と思うでしょう。しかし、これは「動物を左右逆にしても名前は変わらない」という常識を活用していることになります。

図2-7　問題集の追加例

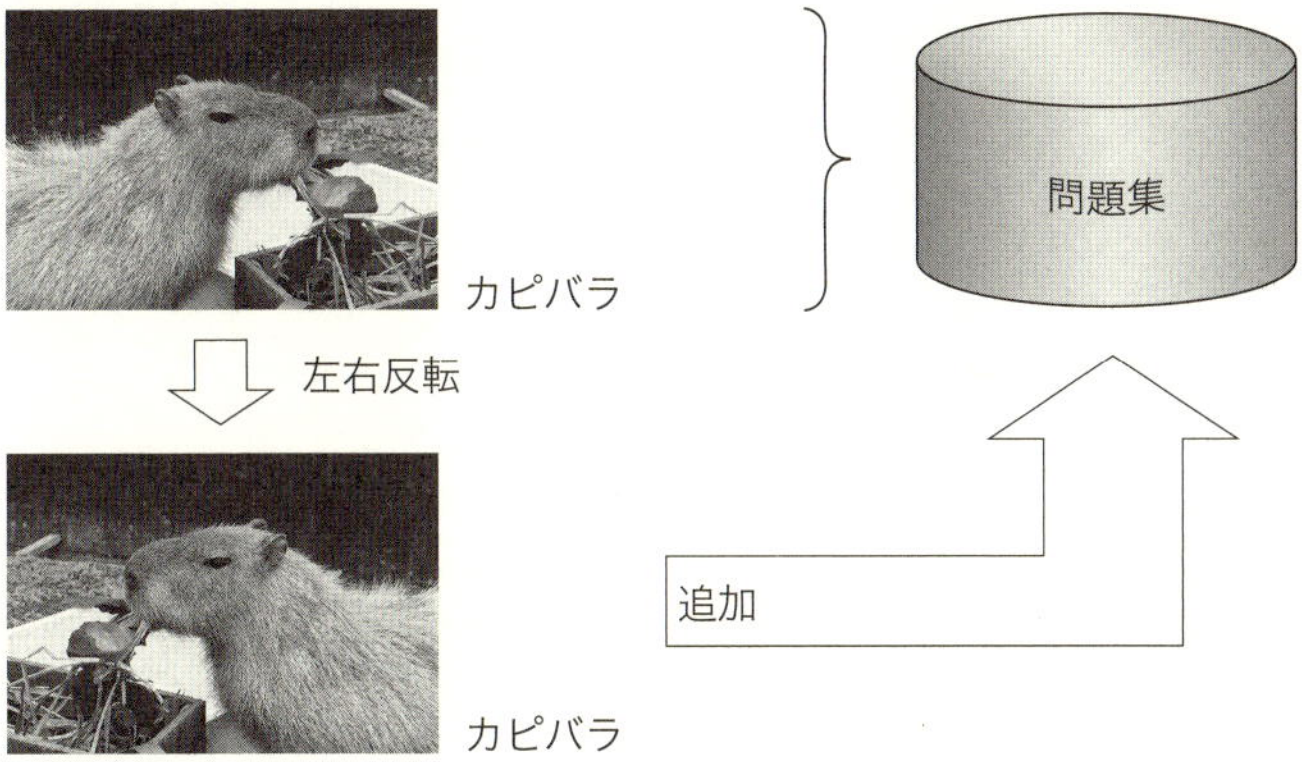

一方でＡＩはそういった常識を持っていません。「動物は左右逆にしても同じ」ということは知りませんし、ましてや「動物なら左右逆にしてもいいけれど、文字（たとえば「ｂ」）を左右逆にしたらダメ」ということなど理解していません（図2-6）。そのため、勝手に左右を逆にして、カピバラだと考えることはできないのです。

「左向きのカピバラ」を正しく判定したいのであれば、ＡＩ設計者が配慮しなくてはなりません。たとえば、問題集の中に「左向きのカピバラ」の画像と、それが「カピバラ」であることを入れておく必要があります（図2-7）。

画像認識のＡＩを作成する際は、あらかじめ左右逆にした画像も問題集に追加しておく、ということをＡＩ設計者が行ったりします。つまり、人間が持つ常識を、あらかじめ問題集の中に反映させているのです。

また、人間はカピバラの画像を一枚見ただけで、正面から見たカピバラを想像できます。そのため、正面から撮ったカピバラの画像を（初めて）見せられても、たいていの場合カピバラだと判断できます。これは、「動物がもつ一般的な形状」という知識を活用して想像しているためです。

しかしＡＩはそういった知識がないため、「正面から見たカピバラ」を正しく判定したいのであれば、「正面から見たカピバラ」を問題集に追加しておかなくてはなりません。このことから分かるように、人間に比べてはるかに多くの問題を問題集に用意しないとＡＩは正しく判断できないのです。

◎使う情報を絞っておかないと、うまく学習できない

教師あり学習では、与えられた入力と、正解との間にある関係性を学習します。画像認識の例でいえば、画像と、そこに写っている物体の名前との関係性を学習するわけです。これは、画像に含まれている情報の中から、正解を特定するのに役立つ情報を発見することと同じです。人間も、ネコを見分ける際には、画像の中から「耳がある」「ひげがある」といった特徴を発見して、ネコと特定していると考えられます。これと同じことをしているわけです。

しかし、画像はとても大きな情報を持っています。スマートフォンやカメラなどでよく耳にする画素という言葉は、簡単に言うと、写真を撮る際に、どれだけの情報を画像に取り入れるかを

示したものです。最近のスマートフォンでは1000万画素くらい、つまり、一枚の写真の中に1000万個の情報が含まれています。

あなたが「1000万個のデータを一つひとつ確認してね」と言われたら、断りたくなるでしょう。画像に含まれている情報は途方もない数なのです。一方で、(1000万個の情報で作られた)画像を見て、それがネコだと判断するのは決して難しいことではありません。なぜでしょうか？

それは、要点を絞って確認しているためです。1000万個すべてを見なくても、人間は画像に映っている物体が何かを見分けることができるのです。

AIはそうではありません。基本的に与えられた情報すべて、つまり1000万個の情報すべてを使って、正解を見つけようとします。もちろん、学習していく中で、「正解を当てるのに関係なさそうだと分かったら、もう使わない」ということはしています。しかし、人間のやり方に比べると質が劣っているため、あまりに大量な情報を与えられてしまうと、なかなかうまく学習できないのです。

近年のAIは、ディープラーニングなどの技術の発達によって、使わない情報の見極めがとても速くなっています。加えて、コンピュータの性能が向上したことで、見極める質の低さを量でカバーできるようになりました。つまり、いらない情報の見極めが多少甘くて、無駄な情報が増えてしまっても、コンピュータがもつ圧倒的な速度で強引にすべて調べ尽くせばいい、ということができるのです。

これによって、近年のＡＩは人間に匹敵する力を発揮できるようになりました。しかし、もっと性能の高いＡＩを効率的に作るためには、使う情報をうまく絞ることが重要になります。最新技術を用いた近年の画像認識ＡＩでも、１０００万画素をそのまま使うことはまずありません。全部まるまる使ったら学習できないというわけではないのですが、非常に多くの時間がかかってしまいます。そのため、不要と思われる情報を、ＡＩ設計者があらかじめ間引いた上で使っているのです。

強化学習

教師あり学習に代わって近年、特にゲーム系ＡＩの分野で多大な成果を挙げているのが強化学習です。強化学習とは、定めた目標へ向けてＡＩ自身に試行錯誤をしてもらうことで性能を強化させるという方式です。目標は、報酬という形でＡＩ設計者が与えます。つまり「目標を達成できたらごほうび（報酬）をあげるよ」としておくわけです。ＡＩは、より多くの報酬を目指して試行錯誤を繰り返します。その結果、定めた目標が達成できるようになっていくのです。

これも具体例で見てみましょう。強化学習はもともと、ロボットが動き方を学習する際によく使われた手法でした。人間型のロボットに、座った状態から立つことを学習させたいとしましょう。この場合、目標は立つことですから、立つことができたら報酬を与えるとします。かといって、立つまでに何時間もかかるようでは困ります。そこで、時間をかけずに素早く立てるほど

図2-8　強化学習のイメージ

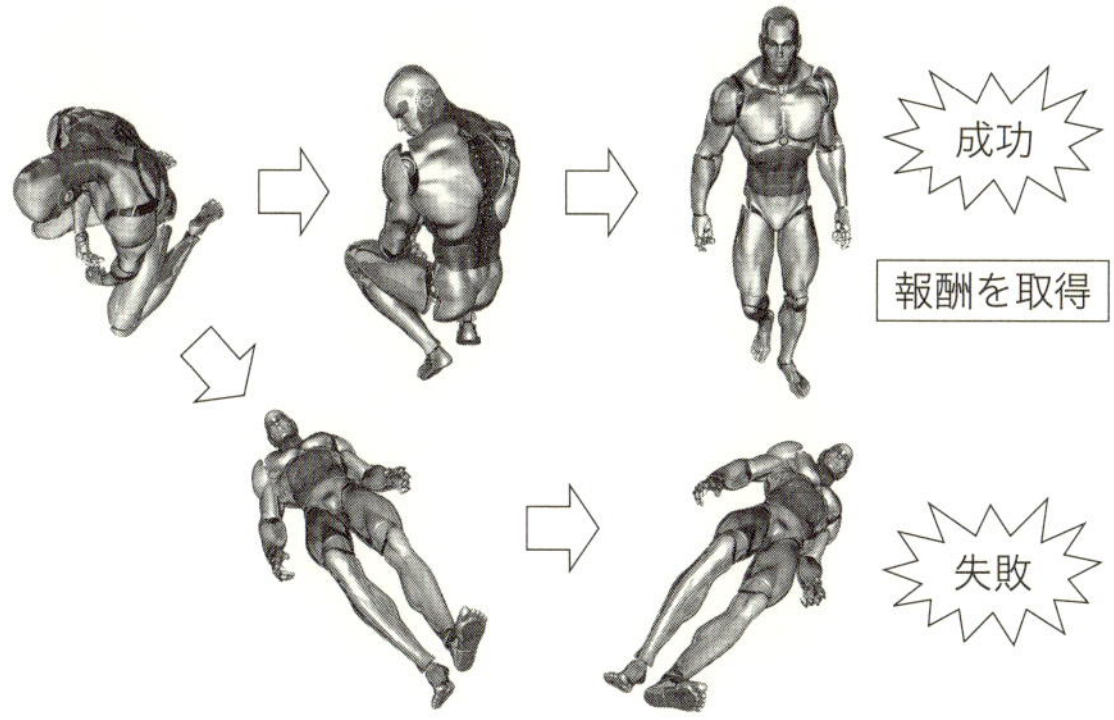

（つまり、うまく立てたときほど）報酬を多く与える、としておきます。

報酬を設定したら、次はＡＩに学習させていきます。学習の目標は、できる限り報酬を多くもらえるようになることです。ＡＩはその目標へ向けて、あらかじめ与えられた選択肢（ロボットの足やひざなどを動かす）を網羅的にいろいろ試していきます。試行錯誤を繰り返していく中で、うまく立つことができて報酬を得ることもあるでしょう。ＡＩは、こうして蓄積されていく過去の結果を活用して、より多く報酬を得られる方法を模索していきます。

たとえば、何度やっても失敗した（報酬がもらえなかった）方法は、もう捨てていいでしょう。逆に、うまく立てた（報酬が多くもらえた）ときの動き方は参考になります。よって、報酬を多くもらえた方法を中心に、少し変えたりしながらいろいろ試していけば、もっとうまく立てるようになると考えられます。

こういった考え方で、ＡＩは試行錯誤を繰り返し続けます。そして最終的に、多く報酬がもらえる動き方、つまり優れた立ち方を学習できるのです。

さて、強化学習では具体的にいうと何を学習しているのでしょうか。ＡＩは与えられた環境の下でさまざまな選択肢を試しながら、学習しています。このときＡＩは「自分や周囲の状況」を入力として、「その状況においてどういう行動をとるか」を出力とする学習をしています。たとえば、「平らな地面の上で座っている」状態を入力として与えられたときに、「片膝を立てる」ことを出力できるようにする、というイメージです。

こうしてみると、教師あり学習と似ていることが分かるでしょう。「与えられた入力に対して、対応する正解を出力する」という関係性は、教師あり学習のときと同じです。実際、教師あり学習と強化学習は似たような方法を使っています。

ただし、教師あり学習と違って問題集を用意してはいません。強化学習における問題集は、ＡＩが試行錯誤する過程で自動的に作られていきます。ＡＩはいろいろな入力（自分や周囲の状況）に応じて、出力（その状況においてどういう行動をとるか）を決定していきます。その一つひとつが問題集を形作っていくわけです。その出力が「正解」であるか否かは、（その出力を選んだ結果として）最終的にもらえる報酬の多い／少ないによって決定されます。もらえる報酬が多いなら「正解」だったと捉え、少ないなら「間違い」だったと捉えるわけです。

こうしてＡＩは、どういう状況下ではどんな行動をとるべきか、という考え方（方策）を学習することができるのです。

強化学習の特徴

強化学習は一言でいえば、ＡＩが自分で勝手に学ぶという仕組みです。そのため、「学習しつづければ、いずれ人間を勝手に超えてしまうのでは？」と感じる人も多いでしょう。ＡＩと人間がどう違うのかを知るために、強化学習の特徴を、教師あり学習のときと同じように重要な点に絞って触れてみましょう。

◎正解は人間が決める

強化学習は教師あり学習と似ているとお話ししました。教師あり学習のように問題集（問題と正解の組）という形では与えていませんが、「正解」は与えています。先の例でいえば、「素早く立てば報酬を多くもらえる」ということが、強化学習が目指す正解となっています。したがって、この報酬の与え方次第で、ＡＩが学習する内容は変わります。「早く歩けたら報酬を多くもらえる」とすれば、早く歩くことを学習するようになるわけです。

ここで重要なことは、「報酬はＡＩ設計者があらかじめ設定している」点です。つまり強化学習も、ＡＩ設計者が正解（目標）を定めているのです。ＡＩが自分で勝手に、「立つことを目指して学習」するようにはなりません。人間があらかじめ設定した「正解」を目指しているだけなのです。

◎使う情報を絞っておかないと、うまく学習できない

強化学習は教師あり学習と似ているわけですから、その特徴もまた似通っています。「正解を人間が決める」という点もそうでしたが、「使う情報を絞っておかないとうまく学習できない」点もやはり、同じく特徴として持っています。

環境の情報は集めればいくらでもあります。たとえば距離が遠く離れた外国の気候も、環境の情報として使えます。しかし、この情報がロボットに素早く立つことを学習させる上で役に立たないことは明白です。人間はこういった不必要な情報は考慮しないでいいと、常識で判断していますす。しかし、ＡＩにはそのような常識はありませんので、使うべき情報をＡＩ設計者があらかじめ絞ることが、効果的な学習をする上で必要になります。

◎使える選択肢が限定されていないと、うまく学習できない

強化学習が教師あり学習と大きく違う点は、あらかじめ与えられた選択肢を使ってＡＩが勝手に試行錯誤をする点です。実はここにも、上記で触れた「使う情報を絞る」という考え方が必要になってきます。

ＡＩは、実際に試さないと選択肢の良し悪しが分かりません。人間であれば「立つために唇を

図 2-9　時間経過による組み合わせの増加

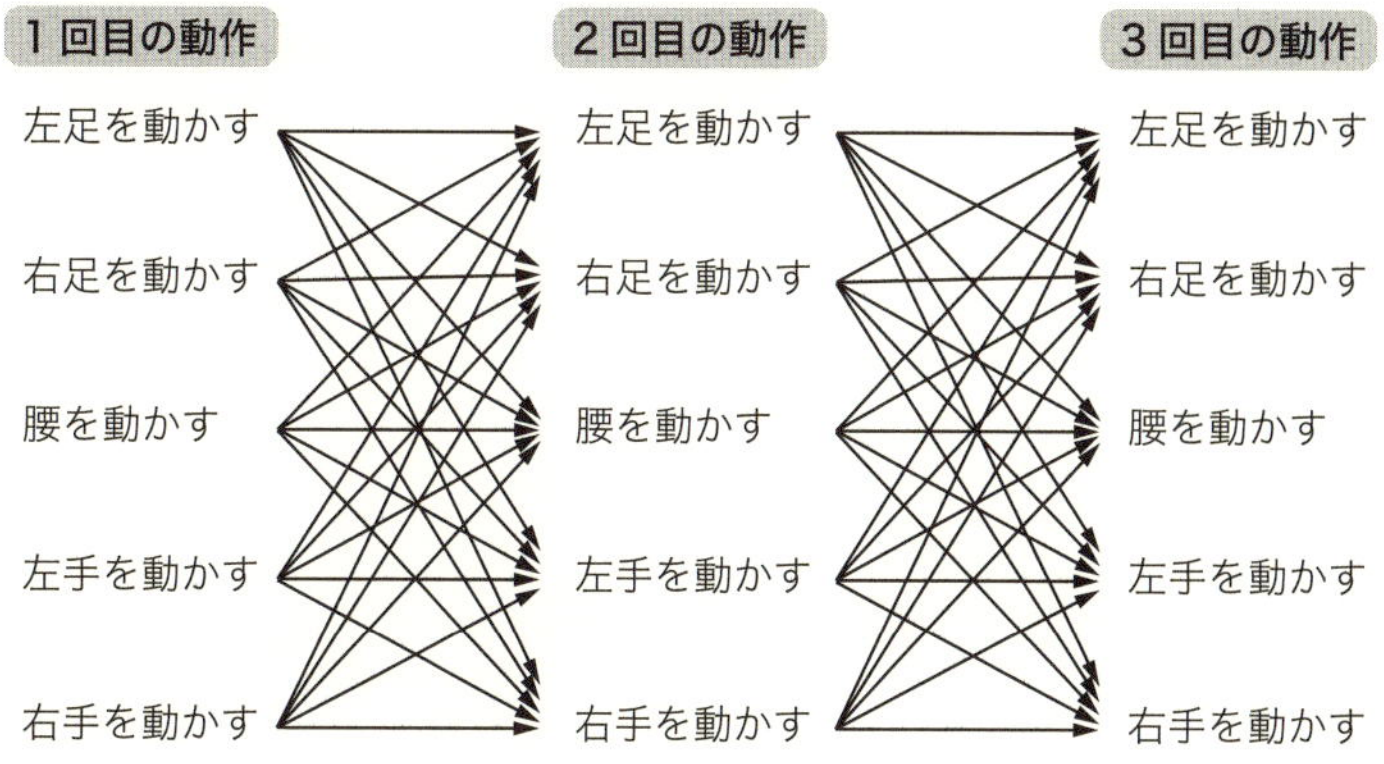

動かしてもあまり意味はなさそうだな」と想像できますが、ＡＩはそういった知識がないので、選択肢は基本的にすべて試していかざるを得ません。そのため、選択肢が多ければ多いほど、多大な時間が掛かってしまうのです。

「体を動かすときの選択肢の数なんて、たかが知れているよ」と思われるかもしれません。しかし、「時間経過」が入ってくるとそうではなくなります。たとえば、ある時点で体を動かす方法が、(話を簡単にするため) 5通りだけだとしましょう (例：左足・右足・腰・左手・右手のいずれかを動かす)。しかし、「時間経過」を入れると話が変わってきます。

時間が経過する中では、体を複数回動かすことができます。たとえば、3回動かせるタイミングがあるとしましょう。すると、「左足を動かす」→「右足を動かす」→「腰を動かす」というような組み合わせが選択できるようになります。このときに出てくる全組み合わせは図2-9のような形になります。

つまり、ある時点では5通りしか選択肢がないにもかかわらず、「時間経過」を含めると、図2-9に示すように、5×5×5＝125通りの選択肢が出てくるのです。実際の強化学習で、この125通りをすべて調べなければいけないわけではありませんが、「時間経過」という考え方が入ることで、選択肢の幅が急激に大きくなるということはお分かりいただけたでしょう。

さらに体を動かす方法の数や、動かせるタイミングの数が増えれば、とんでもない数の選択肢が出てきます。たとえば、10通りの体の動かし方があって、15回動かせるタイミングがある場合、選択肢は1000兆通りも存在します。さすがにこれでは、高速なAIであっても全部調べることが厳しくなります。

人間が生きる実世界の環境は、これよりもはるかに膨大です。全部調べるという単純なやり方では、うまく学習できません。これに対し、人間は目的に合わせて選択肢を絞って考えています。素早く立つために、唇を動かしてみようとは考えません。これは常識を使って、試すべき選択肢を限定しているのです。人間はこうして、選択肢が多くなりすぎることを回避しています。

しかし、AIは常識で選択肢を絞ることができません。そのため、使える選択肢をAI設計者があらかじめ限定したり（素早く立つという課題では、唇を動かすという選択肢を与えない、など）、あるいはそもそも選択肢が少ない問題を対象として扱ったり（ゲームのように、ルールに則った行動しか許されない問題を対象とする、など）することがほとんどです。あらゆる分野で強化学習が有効に使える、というわけではないのです。

◎大量に試行錯誤できる環境を用意する必要がある

教師あり学習において、ＡＩは「質の低さを量でカバーする」という話をしました。実は強化学習でも、同様の話がでてくるのです。

先ほどふれたとおり、ＡＩは一回一回の試行錯誤の質があまりよいとはいえません。人間と違って常識などを持っていないため、選択肢の良し悪しを最初から質よく判断はできないのです。そこでＡＩは、質の低さを量でカバーします。人間なら素早く立つために「唇を動かす」といった無駄な選択肢をできる限り捨てて、効率的で質の良い試行錯誤をしますが、逆にＡＩは大量の試行錯誤を行うことで質の低さをカバーしているのです。

しかし、いくらＡＩが高速に処理できても、行動の結果がすぐに分からないと、大量の試行錯誤はできません。ロボットを素早く立たせる方法を大量に試行錯誤したいなら、ロボットを超高速に動かすことが必要になるわけです。

しかし、実世界でロボットを目にもとまらぬ速さで動かすことはできません。そうなると、どうしても試行錯誤に時間が掛かってしまいます。よって、強化学習では「コンピュータ上に作られた仮想的な環境」でシミュレーションできるかが重要になります。

近年ではコンピュータ技術、いわゆるCG技術が発達し、コンピュータ上でリアルな風景や動作を再現できるようになりました。ゲームや映画でその技術を目の当たりにしている方も多いでしょう。こうした技術を活用すれば、仮想的な世界でロボットを動かすこともできます。仮想世界ならば超高速でロボットを動かせるので、大量に試行錯誤ができます。特にゲーム分野は、仮想的なシミュレーションが実現しやすいことから、強化学習が多大な成果を上げているのです。

逆に、仮想的にシミュレーションできないケース、つまりどうしても実世界で試行錯誤しなくてはならない場合、強化学習は有効に働きにくくなります。人間のように、実世界で体を動かして学ぶということは、あまり得意ではないのです。

しかし、今のCG技術を目の当たりにしていると、仮想的にシミュレーションできないケースなんてないだろう、と思う人もいるでしょう。実は、今のCG技術でも実世界を完全に再現するのは大変なのです。「服の質感」がその一つです。CG技術で作られた人間が、ずいぶん薄っぺらな服を着ているなぁと思ったことはありませんか？　私たちが普段目にしている服の柔らかい質感、特にセーターなどのもこもこした質感などは、CG技術ではうまく表現できないのです。

実世界で強化学習する際に問題となる点が、もう一つあります。質より量で補うという性質上、AIは人間が学ぶときより、数多くの失敗を経験しなくてはなりません。たとえば、自動運転を強化学習しようとした場合、何百、何千回と、車を壁に激突させなければならなかったりするわけです。そのため、失敗が大きな損失を生むような場合は、実世界で強化学習を行うことが難しくなります。

教師なし学習

これまでに説明した教師あり学習と強化学習は、問題集や報酬という形で、ＡＩ設計者が「正解」を与えていました。これに対し、教師なし学習は「正解」を与えません。大量のデータの中からＡＩに何かを見つけてもらう方法なのです。

これを聞くと、ＡＩが人間に頼らず、自分で勝手に考えて発見をしてくれるかのようで、なんだか凄い方法のように聞こえます。しかし残念ながら、現在の教師なし学習は名前負けしているところが否めません。一言でいうと「データの傾向を見つけ出す」という程度にとどまっているのが実情なのです。

教師なし学習で有名な、バスケット分析という手法を例にとって見てみましょう。バスケット分析はスーパーやコンビニなどで、よく買われやすい商品の組み合わせを発見する手法です。つまり、ある商品を買う人は、こんな商品も買いやすい、という「データの傾向」を見つけ出せるのです。

近年の実例でいうと、「ポテトチップス」などのスナック菓子に対しては、一般的なお茶に比べて「黒烏龍茶」や「ヘルシア」などの特定保健用食品に指定されている飲料の方が買われやすい、といった結果が得られています[8]。こういった傾向をＡＩが自動で見つけ出してくれることで、

「カロリーが気になる菓子を買っている人は、健康に心配を感じている」といった仮説を、人間が思いつけるようになります。この仮説が正しいならば、カロリーが気になる菓子の近くに、健康志向の商品を置くことで、売り上げ増加が期待できるでしょう。

教師なし学習はこのように、データの傾向を要約し、見やすくまとめることに使われます。その結果がどういった傾向を捉えていたのか、その傾向から得られたことをどう使うかは、基本的に人間が考えているのです。

近年のAIの傾向

近年、ニュースなどを賑わせている（弱い）AIの大半は、教師あり学習か強化学習で作られています。教師なし学習はAIを作るよりも、データから新しい知識を発見する、いわゆるデータマイニングの分野で多く使われています。

近年では、データの傾向を教師なし学習で抽出し、その抽出した結果を教師あり学習に使う、といった方法も多く利用されています。単純に画像そのものを入力として使う代わりに、画像からその形状や色といった「データの傾向」を教師なし学習で抜き出してから使う、というイメージです。

近年のAIの主要技術であるディープラーニングは、教師あり学習、強化学習どちらでも使えますが、さらに教師なし学習の効果も併せ持っています。そもそも、ディープラーニングが注目されてきたきっかけは、教師なし学習なのです。

その教師なし学習で生まれたのが、2012年にグーグル社が発表した、ネコを認識するAIです[9]。この研究では、さまざまな動画が投稿されているサイト（YouTube）上の動画を大量に切り取って、ディープラーニングに学習させました。このとき、切り取った画像に写っているものが何であるか、という正解は一切教えずに、ただAIに読みこませたのです。その結果、ネコの特徴を自動的に捉えることができるようになったのです。

これは、YouTubeに投稿されている動画の傾向を見つけた、とも解釈できます。つまり、YouTubeではネコの動画を投稿する人が多いという、「データの傾向」を見つけ出したわけです。

もちろん、これまでの技術でも「データの傾向」は見つけ出せていました。しかし、ネコのように複雑な形状をAIが捉えるには、大量のデータと多大な時間が必要なため、そううまくはいかないだろうと考えられていました。ディープラーニングの登場によって、それが見事に実現したわけです。

ただし、AIは画像に写っているのがネコだと分かったわけではありません。ただ単に、ネコの形状によくみられる「データの傾向」を捉えただけです。その結果を人間がみてみたら、それがネコだった、というわけです。教師なし学習は、あくまで「データの傾向」を捉えているに過ぎません。

この結果は、言い換えれば、「ネコの形状をＡＩが自分で見つけ出すことができた」と表現できます。つまり、ネコを捉えるのに必要な要素を、ＡＩが自動的に発見できるようになったわけです。この成果によって、人間があれこれ設計しなくても、ＡＩが自動的に重要な特徴を見出す、という方法が切り開かれました。

しかし、近年ではディープラーニングを教師なし学習に特化させて使うことはあまり行われません。これは、ディープラーニングを単に（教師あり学習などで）使うだけで、「データの傾向」を見つけ出す機能が裏で自然に働き、正解を捉えることに役立っている、と考えられることが理由として挙げられます。

したがって、近年のＡＩの代表的な作り方は教師あり学習、強化学習の二つであると捉えても問題ないでしょう。そこで、以降ではこれら二つ、すなわち人間が「正解」を与える方式に焦点を絞っていくことにします。

ＡＩにできること、できないこと

ここまでの話で、今のＡＩに何ができて何ができないのかが、少しずつ感じられてきたのではないかと思います。ではここからは、知性を持つうえで何が足りていないのかを掘り下げることで、今のＡＩの実態を明らかにしていきましょう。

ＡＩが知性を持つ上で必要な要素

最初に、ＡＩが知性を持つ上で必要な要素を列挙してみましょう。そのまえに、いくつか注意点があります。まず、列挙するのは知性を持つために「少なくとも必要」な要素です。これらの要素だけで必ず知性が達成できるとは限りません。また、仮に知性が実現できたとしても、それが「人間の知性とまったく同じ」とは限りません。これから示す要素には、心や意識といった、人間が持つすべての要素が含まれているわけではないからです。しかし、そもそもＡＩはコンピュータであり、人間は生物です。体が違うのですから、そこに生まれる知性がまったく同じではなかったとしても、別におかしいことではないでしょう。そこで、本書ではあくまで、「ＡＩが持ちうる知性」として考えていくことにします。

さて、それでは列挙してみましょう。まず知性とは「自分で考えて環境に対応し、より良い成果を達成する能力」でした。「より良い成果を達成する」ためには、なにがしか解決しなくてはならない課題があるはずです。したがって、「課題を自分で見つけて解決する」、これが知性に求められることと言えるでしょう。「課題を自分で見つけて解決する」上での流れをかみ砕いて、本書では次の四つの力にまとめてみました。

・**動機**：解決すべき課題を定める力（解くべき課題を見つける）
・**目標設計**：何が正解かを定める力（どうなったら解けたとするかを決める）
・**思考集中**：考えるべきことを捉える力（解く上で検討すべき要素を絞る）
・**発見**：正解へとつながる要素を見つける力（課題を解く要素を見つける）

なお、「動機」「目標設計」「思考集中」「発見」という表現は本書で命名したものであり、一般的な表現ではありません。しかし、この捉え方によってＡＩの知性をより深く理解できるようになると思います。

まずは現実的な具体例で少しイメージしてみましょう。題材として、「今の置かれた日常をより良くする」ということを例にとって考えてみます。

◎動機：解決すべき課題を定める力

より良い成果を達成するためには、解決すべき課題があると述べました。では、「今の置かれた日常をより良くする」ためには、何を解決すればよいのでしょうか？　逆に言えば、今、自分には何が足りないと考えているのでしょうか？

それは人によっていろいろな答えがあるでしょう。たとえば「より良い仕事に転職する」ことだったり、「打ち込める趣味を見つける」ことだったり、「良好な人間関係を築く」ことだったりします。「日常をより良くしたい」という気持ちがあるのは同じでも、実際に何が足りないのかは人によって異なります。

つまり、何に不満を感じているのかによって、解きたい課題は異なるのです。数ある課題の中で、自分が解きたいと願う課題を見つける、これが「動機：解決すべき課題を定める力」です。

◎目標設計：何が正解かを定める力

解決すべき課題が見つかっても、目標が決まったわけではありません。たとえば、「より良い仕事に転職する」という課題が決まっても、どうなったら自分が満足する結果だといえるのかは決まっていないのです。給与が上がればいいのか、楽しいと感じられる仕事に就ければいいのか、自分の能力を適切に活かせる仕事に就く方がいいのか、人によって「より良い仕事」の示す意味は異なります。

また、人生はそう甘くはありません。常に最良の結果が得られるとは限らないでしょう。一方で、最良の結果以外は求める正解ではない、ということもありません。「年収が1億円欲しい」というのが理想だったとしても、「年収1億円に至らなければ全然ダメ」と考える人は少ないでしょう。多くの場合、「年収1000万なら万々歳」で、「年収500万なら、まぁそこそこ満足はできる」といったように、求める正解は段階的な要素を持っています。こういった段階的な正解についてどう決めるか、というのも目標を設定する上で重要です。

どうなれば課題が解決できたとするのか、最善の解決にならなかったとしても、より満足のいく結果が得られたと捉えるのか、これらを自分で決めることができる、これが「目標設計：何が正解かを定める力」です。

◎思考集中：考えるべきことを捉える力

具体的な目標（正解）が定まったら、あとはそのために何をすればいいのかを考えるだけです。つまり、目標の実現へ向けて、自分が使える選択肢（行動など）の中から試していけばよいのです。しかし、たいていの場合、選択肢は無数にあります。そのすべてを試すことは現実的ではありません。

たとえば「給与が上がる仕事に転職すること」を目標に定めたとしましょう。そのときに、近所の公園でブランコに乗ったり、まぶたを動かす練習をしたりする人はいないでしょう。人間は、数ある選択肢の中から「給与が上がる仕事に転職する」ことに結びつきそうな選択肢に絞って検討します。あるいは、「資格を取得する」といったより小さな目標（サブゴール）を作って、「給与が上がる仕事に転職する」という目標に辿り着くための道筋を計画して行動したりします。

このように、課題の解決へ向けて、検討すべき選択肢や、目標に至るまでの手順を絞ることができる、これが「思考集中：考えるべきことを捉える力」です。言い換えれば、「考える必要のないことを見極める力」ともいえます。

◎発見：正解へとつながる要素を見つける力

考えるべきことを捉えて選択肢を十分絞ったら、いよいよ選択肢を実際に試して、目標達成につながる道筋を探します。たとえば、転職サイトに登録したり、知人に良い就職先を紹介してもらったりするといった選択肢を試すことで、「給与が上がる仕事に転職する」ことを試みるわけです。

失敗を重ねながら、目標達成へとつながる要素を発見し、掲げていた課題の解決へとつなげる、これが「発見：正解へとつながる要素を見つける力」です。

いかがでしょうか。実際の例に当てはめてみると、これら四つが知性を形作っていることがイメージできたのではないかと思います。

なお、これら四つの要素は連動しています。たとえば、「思考集中：考えるべきことを捉える力」の説明の中で、「資格を取得する」といったサブゴールを決めたりするという話をしました。当然ながら「資格を取得する」以外にも、いろいろなサブゴールが考えられるでしょう。よって、適したサブゴールを見極めるために「どんなサブゴールを定めるべきか」を考えなくてはなりません。それにはまず「サブゴールが解決すべき課題は何か」を考えることになるでしょう。つまり、「動機：解決すべき課題を定める力」を働かせる必要があります。さらには、どうなればそのサブゴールが達成されたと考えるか、ということも決めなくてはいけませんから、「目標設計：何が正解かを定める力」も必要になってきます。

これ以外にも、四つの要素が連動している箇所はあります。「発見：正解へとつながる要素を見つける力」を駆使する中で、今のご時世ではなかなか「より良い仕事に転職する」という課題解決が大変だと分かったとき、人間は課題自体を変えたりします。これは、「動機：解決すべき課題を定める力」を再度働かせたのだと考えられます。注▼3

このように、四つの要素（以降では、知性の4要素とよぶことにします）をうまく組み合わせて、「自分で考えて環境に対応し」ながら、臨機応変に「より良い成果を達成する」ことが知性の実現に必要となります。つまり知性には、四つの要素に加えて「知性の4要素をうまく組み合わせる力」もまた必要ということになります。

今のAIには何が足りないのか

知性の4要素について、今のAIはどこまでできているのでしょうか？　端的に言ってしまうと、「発見：正解へとつながる要素を見つける力」以外は、あまり実現できていません。特に「動機：解決すべき課題を定める力」と「目標設計：何が正解かを定める力」は、ほとんどできていません。今のAIでは、解決すべき課題や何が正解かについては、AI設計者があらかじめ与えています。「思考集中：考えるべきことを捉える力」については、ある程度発達してはいますが、それでも人間の持つ能力には及んでいません。

そして、これらの要素をいかにして組み合わせるのかという「知性の４要素をうまく組み合わせる力」もできていません。そもそも、それぞれの要素がきちんとできていないのですから、当然でしょう。

それでは、知性の４要素の現状について、より詳しく見ていきましょう。

◎動機：解決すべき課題を定める力

今のＡＩは一つではなく、課題ごとにいろいろなＡＩを用意していると述べました。「画像に写った物体の名称を答える」「あるゲームで強いプレイヤーになる」などのように、明確な課題に合わせてＡＩが作られているのです。つまり、解きたい課題ごとに、ＡＩ設計者がそれに合ったＡＩを作っているわけです。よって、「解決したい課題は人間が決める」ことが前提になっています。今のＡＩは、解くべき課題を自分で勝手に設定できないのです。

しかしそれなら、「課題を手あたり次第に解かせればいいのでは？」と思われるかもしれません。しかし、そもそも何を「課題」と見なすかは人によって異なります。また、人間は課題をいろいろ持っていますが、必ずしもそのすべてを片づけてはいません。優先度や課題の難易度・効率性、他者に対する配慮などを踏まえて、解くべき課題を選んでいます。

たとえば、ある人が「居間を綺麗にしたい」という課題を持っていたとしましょう。そこで掃除をしようと考えて居間に行ったら、昨日遅くまで仕事をしていた家族がうたたねをしていました。課題を解決したいのであれば、構わず掃除を始めるのが正解でしょう。しかし、疲れて寝ている家族を起こすのは可哀そうと考えて、居間を掃除することを後回しにしたりします。

一方で、ＡＩはそういった課題の変更はできません。課題を自分で決められないのですから、課題を臨機応変に変更するなど無理な話です。今のＡＩでは、「人が部屋で寝ていたら、掃除するのをやめる」ということを、ＡＩ設計者にあらかじめ教えてもらうしかないのです。

人間は、他人がどう感じるかといった要素も踏まえて、掲げていた課題の解決をやめたりします。これはいわゆる「空気を読んだ判断」を実現している部分とも考えられます。今のＡＩはこうした「空気を読んだ判断」はできません。あくまでＡＩ設計者が与えてくれた課題を、ただ愚直に解こうとするだけなのです。

◎目標設計：何が正解かを定める力

教師あり学習や強化学習という考え方が、現在のＡＩの主流であると述べました。これらはみな、正解をＡＩ設計者、つまり人間が与えている方式であることにも触れました。現行のＡＩは基本的に、正解とは何か、ある解答がどのくらい正解に近いのか、という、いわば「正解の基準」を人間が定めています。[注▼4]

画像認識の例でいえば、与えられた画像について何と答えるのが正解なのかは、人間があらかじめ問題集という形で与えていました。ロボットが立つことを学習する強化学習の例でも、「素早く立てるようになることが正解」ということを、報酬という形で与えていました。このように、あくまで「正解の基準」は人間が設計しています。AIは「それが本当に正解なのかどうか」は考えることなく、「与えてもらった正解」を効率的に得られる方法を模索しているだけなのです。

みなさんの中には「うまく設計すれば『何が正解か』もAIが自分で学習できるのでは？」と思われた方もいるでしょう。本当にそううまくいくでしょうか？

この場合、学習したいのは『何が正解か』を表す「正解の基準」です。一方で、これまでに示した通り、AIは人間が与えてくれた「正解の基準」に基づいて、よりよい「正解」を探すことしかできません。そのため、よりよい「正解の基準」そのものをAIに探して欲しいのならば、「正解の基準」の良さを表す基準、つまり「正解の基準」の基準を人間が与えなくてはなりません。なんだかややこしい話になってしまいましたが、要するに人間がなんらかの「正解の基準」を設定しないかぎり、今のAIは勝手に自分で学習することはできないのです。

単に金銭的なメリット・デメリットで判断する、という単純な基準であれば設計も容易でしょうが、幸福感や満足感のような、感性的な「正解の基準」の設計は容易ではありません。たとえば、あなたが街で偶然会った友人から「臨時収入があって気分がいいから、千円あげるよ」と言われて受け取ったとします。そのあと、その千円を失くしてしまいました。金銭的にみれば、あなたは一銭も損をしていません。ではあなたは、この状況の自分は損も得もしなかった、と思うでしょうか？　そうは思えませんよね。実際、このような状況であれば損をしたと感じる人の方が多いのです。これは、人は得より損の方を強く捉える傾向があるためと考えられています。人の心は、単純に金銭的な損得では測れないのです。

また、人間社会における「正解の基準」は一つではありません。自分にとっての「正解の基準」、他者にとっての「正解の基準」、親としての、社会人としての、市民団体としての、会社としての、国際社会としての、というように、個人や役割、組織ごとにも基準が存在しています。

より優れた「正解の基準」を得るためには、それぞれがもつ「正解の基準」を踏まえ、どの「正解の基準」をどの程度尊重するべきかを考えなければなりません。そうしないと、特定の個人の意見を重視しすぎてしまったり、逆に少数派の、立場の弱い意見をないがしろにしてしまったりしてしまいます。「正解の基準」を定めるのは、決して簡単なことではないのです。

◎思考集中：考えるべきことを捉える力

ＡＩは基本的に「与えられた情報すべて」を検討します。教師あり学習であれば、問題集の問題文に書かれたことすべてを、強化学習であれば、与えられた選択肢すべてを網羅的に調べていきます。検討していく中で、正解を得るのに役に立たないと分かってくれば検討から外していきますが、最初から検討しないということを、ＡＩは自ら判断できません。

画像認識の例でいえば、画像に映っている物体を学習する際に、ＡＩは（はじめのうちは）画像の隅々まで考慮します。しかし人間は、背景部分、特に画像の隅っこなどは正解に影響しないと判断して、考慮しないでしょう。[注5]

素早く立つことを学習する例でいえば、人間は「口を動かす」といった行動は、役に立たないと判断して選択肢から外します。ときには、思考することなく感覚的にこういった判断を行います。これは直観と呼ばれる人間の能力です。

ＡＩはこういった「考えるべきこと」を捉える力がないため、与えられたあらゆる可能性を網羅的に調べます。途方もない話ですが、ＡＩは高速なコンピュータという「体」を持っています。そして、どんなに働いても疲れないという特性を生かして、強引に調べつくして学習していけるのです。

しかし、それでも大変なことには変わりありません。そこで多くの場合、ＡＩ設計者があらかじめ「考えるべきこと」を限定したり、限定の仕方を設計したりしています。つまり、ＡＩの適用範囲をぐっと狭くして選択肢を限定することで、知的な作業を効率的に実現させているのです。

ＡＩによる網羅的な方法は、あくまで「考えるべきこと」が比較的少なめだからできることです。将棋や囲碁といったゲームのような、「考えるべきこと」が限定された課題ではなく、より一般的な（人が普段直面するような）課題では「考えるべきこと」を瞬間的に絞っていくという、人間的なやり方が必須となります。

もちろん、人間が絞り込んだ「考えるべきこと」に、抜け漏れがないとは限りません。ひょっとしたら画像の隅っこをよく見ないと正解できない引っかけ問題かもしれませんし、口を動かすことで素早く立てる裏技があるのかもしれません。

しかし、選択肢が多い問題を解く際には、「考えるべきこと」を絞らないと、解答にたどり着くまでに膨大な年月がかかってしまいます。[注▼6] 現実的には、多少の抜け漏れを気にすることより、目の前の問題や課題が（最善ではなかったとしても）解けることの方がはるかに重要なのです。

さらに、計画性（プランニング）という観点も重要です。「立つ」ためにはあらかじめ、全体重を足に乗せる必要があります。全体重を足に乗せるには、足の裏を地面にくっつけなくてはなりません。このように、ある課題を解く上で、先に達成すべきサブゴール（小目標）を見定めて、計画的に行動しなければならないことがよくあります。この場合、計画を立てた上で、「考えるべきこと」を計画に沿った選択肢に絞る必要があります。

今のＡＩは、このような計画を立てることも得意ではありません。なぜなら前述したように、サブゴールを決めるためには「動機：解決すべき課題を定める力」や「目標設計：何が正解かを定める力」が必要になってきてしまうからです。

◎発見：正解へとつながる要素を見つける力

発見は、知性の4要素の中でもっとも発達している部分です。この発達が現在のＡＩを支えているとも言えます。しかし、これも人間にくらべて優れているとは言い切れません。囲碁や将棋で人間を超える力をＡＩが発揮しており、そこに発見の力が大きく関わっているのは事実です。しかし、この力はＡＩが持つ「人間より圧倒的に速く試行錯誤できる」という強みによるところが大きいのです。

コンピュータは日々高速になっています。一昔前のコンピュータとは比べ物になりません。したがって、ＡＩは人間より大量の試行錯誤ができます。一つひとつの試行錯誤の質がお粗末だったとしても、量で圧倒することができるのです。

画像認識の例で考えてみましょう。画像認識ＡＩは、たとえば画像に映っているのがカピバラかどうかを見分けられます。このＡＩを作るためには、カピバラを写した画像と、「写っているのがカピバラである」という正解が書かれた問題集を用意する必要がありました。

しかし、ＡＩは「発見：正解へとつながる要素を見つける力」が質の面で人間より優れているとはいえません。教師あり学習の説明で触れたように、カピバラの画像を一枚見ただけでは、人間と同じレベルでカピバラを判別できないのです。

ＡＩはこの欠点を量で補います。つまり、大量のカピバラ画像を問題集として与えてもらうことで、学習する量を増やして能力を高めるのです。人間は、何億という数の問題集をもらったところで、全部見ることは困難でしょう。しかしＡＩは人間よりはるかに高速なので、人間より数多くの学習をすることができます。

ただし、圧倒的な量で試行錯誤するという方法は、どんな課題に対しても自由に使えるわけではありません。圧倒的な量で試行錯誤するためには、大量の問題集を事前に用意しなければなりません。そしてそれは人間が準備しなければならないため、膨大な費用と手間が掛かることも少なくないのです。したがって、どんなものでも簡単に学習できる、というわけにはいかないのです。

それでは強化学習の場合はどうでしょうか？　強化学習では、かなり効率的な学習方法が確立されてきているのですが、それでもやはり大量の試行錯誤が必要となります。ロボットが立つことを学ぶ例でいえば、何万回何億回という回数にわたって、立つことを試みなければなりません。しかし、強化学習の説明の際にも触れた通り、実際の世界にあるロボットを目にもとまらぬ速さで動かすことはできません。そのため、強化学習は多くの場合、コンピュータ上で仮想的に行っています。

逆に言えば、コンピュータ上の仮想的な世界で高速にシミュレーションできる課題でなければ、強化学習で高い性能を発揮することは難しいのです。囲碁や将棋などのゲームは、その条件を満たしていたので人間を超えられました。しかし、仮想的にシミュレーションできることはそれほど多くありません。強化学習の節で触れたCG技術の例が、実世界を正しくシミュレーションすることの難しさを物語っています。実際のところ、強化学習で人間を超える性能を出せるのは、ゲーム以外にはほとんどないだろうという声もあるくらいなのです。

さて、話をまとめてみましょう。今のＡＩは、知性を持つには程遠い状況です。ＡＩが知性を持つ上で必要な要素をみると、以下のような状況になっています。

・動機：解決すべき課題を定める力がなく、人が決めなければならない
・目標設計：何が正解かを定める力がなく、人が決めなければならない
・思考集中：考えるべきことを捉える力は弱く、人の知見に頼る面も多い
・発見：正解へとつながる要素を見つける力は、質より量でカバーされている
・知性の4要素を組み合わせる力は、ほとんど手つかずである

強いAIに近づくための研究

このように、現状のＡＩでは知性を実現できていません。特に「動機」や「目標設計」が大きな課題となっています。これらがうまく実現できていない大きな理由としては、心や意識といった、科学で未解明な要素が強く絡んでいるからと考えられます。何を快いと感じるか、不快と感じるかといった心の感性的な面は、「動機」や「目標設計」に深く絡んでいると考えられます。また、意識が持っている「意識が注目している範囲」という点は、どの課題を優先して解決するか、という「動機」と密接に関わっていると思われます。

しかし、知性を実現する方法がまったく進んでいないわけではありません。これらの要素を実

現するための部品については、いくつか研究されてきています。ここでは、その中の「他者理解」「論理的推論」「連想」について触れてみます。

◎他者理解

「動機：解決すべき課題を定める力」で触れましたが、人間は他者がどう考え、感じているかを考慮して解くべき課題を変えたり、あるいは目標を変えたりもします。つまり、「空気を読んだ判断」をするためには、他者を理解する必要があります。

人間は他者の行動や振る舞いを観察することで、その人が何を考えているか、何を目的としているかということを推し量っています。これをまねて「他者がどんなことを正解として捉えているるか」を、その動きから読み取るという研究が近年行われるようになっています。

その一つが、逆強化学習です。そもそも強化学習とは、「正解」（報酬）をAI設計者が設計することで、その正解を実現する「行動」（振る舞い）を試行錯誤しながら学習する、というものでした。逆強化学習はその逆で、だれかの「行動」（振る舞い）から、その行動が目指していた「正解」（報酬）を推定します。これを用いて、生物の振る舞いから、その生物が何を正解（報酬）と捉えて、つまりどういうことを求めて行動しているかを推測する研究が行われています。[10]

その他の方法として、AIが「他者の欲求」を推理するという研究があります。[11] この研究では、まず「他者の欲求」がどのように形作られているのかをあらかじめAI設計者が設計します。そして、AIが観察した他者の振る舞いと照らし合わせて、「他者の欲求」を推理するのです。

この研究について、もう少し詳しくみてみましょう。ある大学では二つのトラック型店舗が昼食を提供しています。大学に来るトラックは日によって違いますが、韓国料理、レバノン料理、メキシコ料理の3種類のうち二つが来ます。つまり、日ごとに選べる料理は二つだけ、ということです。二つのトラックは建物を挟んで離れた位置に止まるため、両方のトラックを同時に見ることはできません。

さてある日、あなたは一人の学生が昼過ぎに研究室から出てくるのを見ました。研究がようやく一区切りついたのでしょう、おなかをすかせた顔をしています。学生は韓国料理を提供しているトラックの方へ向かって歩いて行きました。このトラックをトラックAと呼ぶことにしましょう。

しかし学生はトラックAには立ち寄らず、もう一方のトラック（これをトラックBとしましょう）が見える場所まで歩いて行きました。そしてトラックBが止まっている方向を見て立ち止まりました。そして振りかえり、トラックAへと戻ってきて、韓国料理を買いました。あなたが、トラックBを後で確認したところ、レバノン料理を売っていました（図2-10）。

さあ、この学生が一番食べたかった料理はなんだったのでしょうか？　人間は学生の振る舞いから「学生が欲求していた料理」が「メキシコ料理」である可能性が高いと推理できます。なぜなら、一連の学生の振る舞いは、「トラックBでメキシコ料理が売っていないかな〜と思って見

図 2-10　他者理解での対象課題

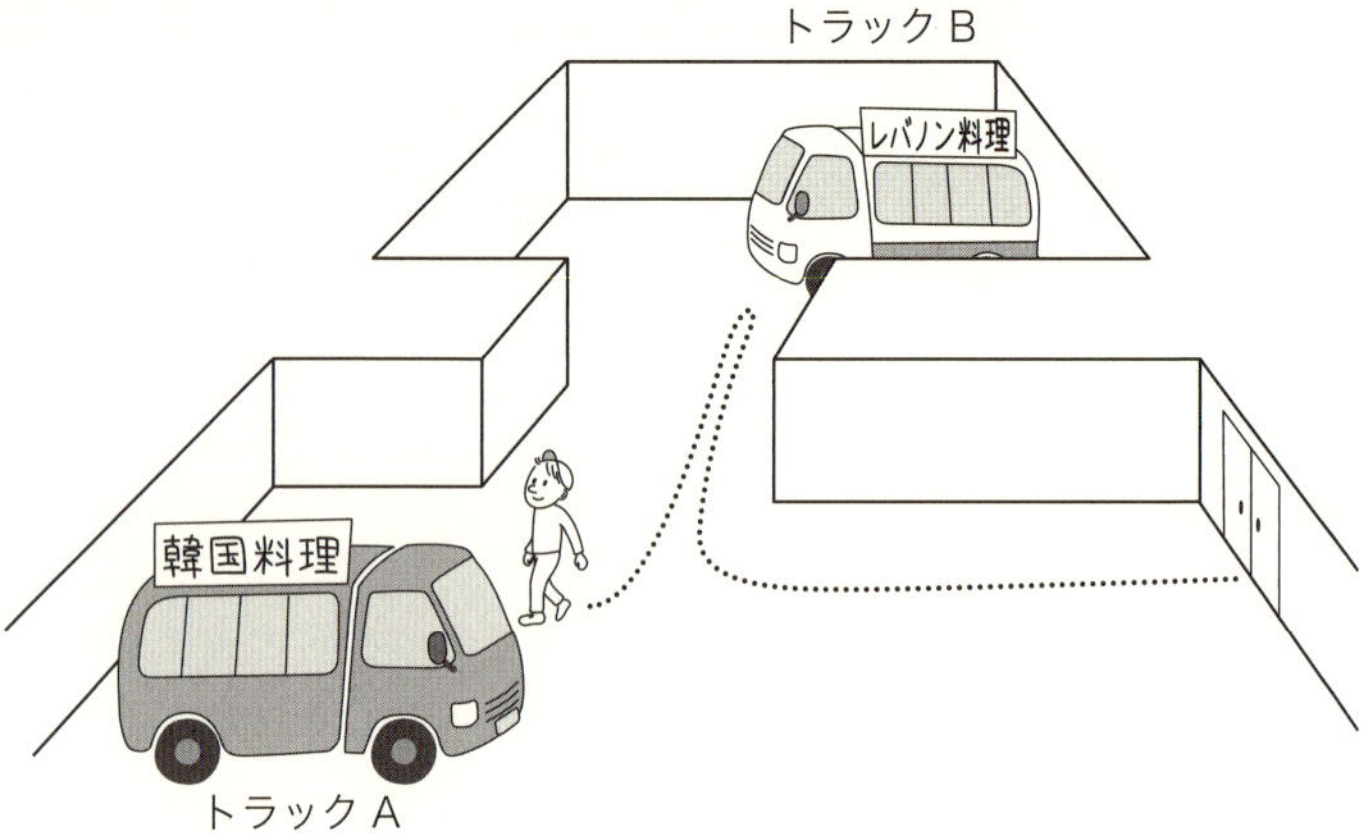

に行ったけれど、レバノン料理だったので仕方なく韓国料理で我慢しようとトラックAへ戻ってきた」と解釈するのが自然だからです。

研究では、AIがこれと同じ推理ができる、という結果を得ています。つまり、AIは他者の振る舞いを見て、何を感じているかを理解できたことになります。

ただし、この研究では見ての通り、「二つのトラックを学生がどう巡るのかという振る舞いから、食べたかった料理を推理する」という非常に簡単な例を使っています。より一般的な、つまりは、より複雑な欲求を推理するのは、まだまだ難しいというのが現状です。

また、先に触れたとおり、この研究では「他者の欲求」がどのように形作られているのかをあらかじめ設計しています。より複雑な欲求を表現したいなら、もっと複雑な仮定をＡＩ設計者が頑張って設計しなければなりません。しかし、それはとても難しいのです。なぜなら、「その人が見知った事実」も組み合わせて推理しなければ、「その人の欲求」が正しく推理できないからです。

学生は最終的に韓国料理を買いました。よって、選ばれなかったレバノン料理よりは、韓国料理の方が食べたかったのだと推理できます。しかし、もし学生がトラックＢでレバノン料理が売られていたと「知らなかった」場合、この推理は成り立ちません。人がどう考え、感じているかを推理するためには、「その人が見知った事実」まで絡めて考えなければならないのです。

こういった複雑なことを人間が一から設計するのは容易ではありません。そこで、人間が一から設計せず、データを使ってすべてＡＩに学習させてみようという試みも行われています。[12] しかし、これも始まったばかりの研究で、一般的な問題で実現することはまだ遠い話となっています。

◎論理的推論

「思考集中：考えるべきことを捉える力」への活用が期待できるものとして、論理的推論があります。これは、理論的に関係性を推測する方法であり、人間が行っている思考の方法でもあります。たとえば、仮にハリネズミを見たことがなかったとしても、人はハリネズミという名前を聞いただけで、その姿かたちを、想像で補いつつ理解することができます。これは、「ハリネズミという名前からしてネズミと近いのだろう」という推測を使うことで実現できます。

つまり「①ハリネズミは、ネズミのグループに属するのだろう」、「②ネズミの体型は知っている」という、推測①と事実②を組み合わせて、「③ハリネズミはネズミと似た体の構造をしている」という事実を推論していると考えられます。さらに「ハリ」とつく以上は、体に針らしきものが生えていることも想像できます(図2-11)。これが、論理的推論の一例です。

論理的推論にはいくつか種類がありますが、基本的には「既存の知識から新しい知識を論理的に推論する」方法です。論理的推論を使うと、たとえば「より良い仕事に転職する」上で「まばたきが高速にできること」は役に立たないだろう、といった推論が得られるでしょう。こういった推論を繰り返すことで、検討すべき選択肢を大きく絞ることができます。

では、現代のAIでは論理的推論はできないのでしょうか? 実は、世界初の人工知能と呼ばれたLogic TheoristというAIは、論理的推論を使って人間の問題解決能力を実現するというAIでした。また、第1次AIブームの説明の際に「記号論理的アプローチ」という話をしましたが、これも論理的推論を実現した方法です。つまり、この考え方はすでに古くからあったのです。

しかし、この方法は行き詰まりました。膨大に存在する論理的推論の方法をうまく扱えなかったことが、その理由として挙げられます。Logic Theoristでは、人が設計した論理的推論の方法論だけを、つまり論理的推論のごく一部だけを使っていました。実際には論理的推論の仕方は膨大かつ難解であり、これらを一つひとつ人が設計するのは不可能だったのです。

図2-11　論理的推論の例

①ハリネズミは、ネズミというグループに属する

ハリネズミ

他のネズミ

②ネズミの体型については知っている

③ハリネズミは、ネズミと似た体の構造をしている

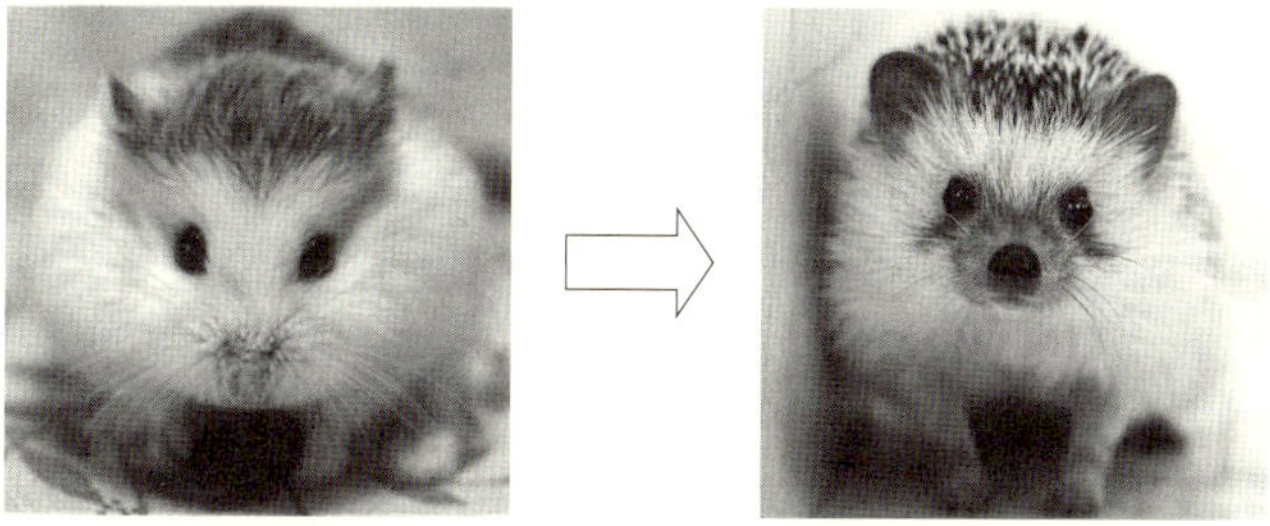

他のネズミ　　ハリネズミ（想像）

その後、ディープラーニングの前身であるニューラルネットワークを使って、論理的推論の方法を自動で学習させようという動きが出てきました。筆者も、その研究を行った一人です。この話は少し難しくなりますので、本書では深く触れません。ただ重要な点は、ニューラルネットワークを発展させたディープラーニングもまた、論理的推論を自動で学習する力を持っている、ということです。

しかしながら、ディープラーニングの華々しい成果の影に隠れてしまっていることもあり、現在はあまり論理的推論には着目されていません。しかし今後、AIが考えるべきことを絞り込めるようになるためには、ふたたび論理的推論を見直していく必要が出てくると思います。ただし、論理的推論をする範囲を増やせば増やすほど、検討する推論の選択肢もどんどん増えます。すると、推論する選択肢をしらみつぶしに調べるために、とんでもなく時間が掛かってしまいます。

つまりここでも、「選択肢を絞る」ことが必要になるのです。膨大な論理的推論の中から最適な推論を効率的に選び出すためには、定めた目標をきちんと捉え、目標へとつながる論理的推論に絞る仕組みが必要となるでしょう。

◎連想

人間が論理的推論以外で「思考集中：考えるべきことを捉える力」を実現させている方法として考えられるのが、連想です。人間がネコ科の動物であるオセロットを初めて目にしたとき、オセロットと答えることはなかなか難しいでしょう。しかし、姿形をみればネコを連想するはずです。それならネコ科の動物なのではないか、という推測を立てることができます。つまり、考えるべき範囲をネコ科の動物に絞ることができます。

人間は連想の力を使って、効率的に考えるべき選択肢を絞っていると考えられます。これを強く感じられる研究があります[13]。次の文章を、できる限り早く読もうと意識して読んでみてください。

ひとは　ぶんょうしを　にしんき　するいさに　さしいょと　さごいの
もじが　あっいてれば　じんゅばんが　めくちゃちゃに　なっしまてても
よこむとが　できます。

いかがでしょうか。多少読みにくいとは感じたでしょうが、読むことはできたと思います。このように、文字を適当に入れ替えても、単語の最初と最後さえあっていれば、読み解くことは大して問題なくできるのです。

当然ながら、この文章はまともに読んだらまったく意味を成しません。それでも人間が理解できるのは、単語を連想して捉えているからです。むしろ、人間は文字の一つひとつを気にして文章を読んではいないともいえるでしょう。

連想は、すでに古くから研究されています。[注▼7] しかし実際は、普通のディープラーニングでも実現しているのではないかと思います。画像認識の例で考えてみましょう。まだ「オセロット」を学習していない画像認識AIを用意して、「オセロット」の画像を入力したとします。すると「オセロット」はネコ科の動物ですから、「ネコ」だと判断する可能性は高いでしょう。これは言い換えると、「オセロット」の画像から「ネコ」を連想したと捉えることができます。つまり、AIが「ネコ」だと認識したということは、「オセロットの画像からネコを連想した」と解釈できるわけです。

もちろんこれは、連想ができるというだけであって、これを使ってどうやって活用するかを考えなければ、効果的な「思考集中」は実現できません。このあたりは、まだ今後の課題だと思います。

AIは理解しているのか？

AIについてよく耳にするのが、「AIは理解してはいない」という話です。たとえば、画像認識AIがネコの画像を与えられたときに「ネコ」と答えることはできますが、「ネコとは何か」を理解しているわけではない、という指摘です。

確かに、ＡＩは人間のように「ネコとは何か」を理解していません。しかし、本当にそれでネコを理解していないと言っていいのでしょうか？　そもそも画像認識の学習では、ＡＩは「ネコなどを撮った画像」だけしか教えてもらえません。たったそれだけの情報で、自由に活動して情報を集められる人間と同じレベルで、ネコとは何かを理解しろというのは酷というものです。

ＡＩは本当に理解していないのか、これを考えるためには、「理解する」とは何なのかを考えなくてはなりません。これはあきらかに哲学の領域であり、私の専門外です。しかし、あくまで今回は人間ではなく「ＡＩが理解しているか」の話です。そこで、小難しい哲学の話はわきに置いた上で、「ＡＩが理解しているか」を理論的に掘り下げてみましょう。

まず、「理解する」とは何かを定めましょう。ここでは、元マッキンゼー[注8]の安宅和人氏の著書『イシューからはじめよ』（英治出版）から引用してみます。[14]

「人が何かを理解する」というのは、「2つ以上の異なる既知の情報に新しいつながりを発見する」ことだと言い換えられる。

簡単に捉えてしまうと、たとえば「ネコを理解している」とは、「ネコは哺乳類である」といった哺乳類との関係性、「ニャーと鳴く」といった鳴き声との関係性、「見ていると癒される」といった、自分の感じ方との関係性など、ネコと他の要素とのつながりを把握している、と言い換えられるというわけです。

ただし、単に「ネコは見ていると癒されるよ」と他人に教えられただけでは「理解した」とは表現しないでしょう。「理解する」ためには、自分で発見・確認しなければなりません。ネコについて調べて「哺乳類」との類似性を発見したり、ネコを見て「癒された」と実感したりすることで、「理解」へと至るわけです。

さて、以降ではこの定義を使って考えていくことにしましょう。もちろん、この定義が、「理解する」ということを正しく捉えているとは言い切れません。しかし、「理解する」上で必要不可欠な要素であることは間違いないでしょう。たとえば、あなたが知らない単語を理解しようとするとき、まずは辞書を活用するでしょう。辞書は各単語について、他の単語を使って説明しています。つまり、ある単語の意味は、他の単語を使って理解できる、ということになります。それは端的に言えば、調べたい単語が、(説明に使われている)他の単語と「つながり」を持っている、ということです。この点からも、「理解する」ためには、「つながり」、そしてその「発見」という二つが重要なキーワードだと考えられます。

さて、「理解する」という定義が得られたところで、いよいよAIが理解しているのかを考えてみましょう。画像認識AIを題材として考えてみます。近年の画像認識AIは人間に匹敵する精度で、写っている動物がネコかを認識できます。

AIは学習によって、大量の画像データの中から「ネコだと判別できる情報」を自動で「発見」しています。「ネコだと判別できる情報」が「ネコ」と強いつながりを持っていることは明白です。よって、この「新しいつながり」を自分で「発見」したＡＩは、定義に照らして考えれば「ネコを理解した」と言えます。

もし、このつながりを自分で発見していなければ、「理解した」とは言えません。たとえば１章の第１次ＡＩブームのくだりで触れたＥＬＩＺＡは、「相手が言ったことにどう返すか」という方法を、人間があらかじめ設計していました。これではＥＬＩＺＡが自分で発見していないので、応答の仕方を「理解した」とは言えません。こうして比較してみると、最近のＡＩは「理解する」ことができているのです。

しかしこう断言すると、異論を唱える人もいるでしょう。なぜでしょうか？　まず「ＡＩがネコを理解している」ことと「人間がネコを理解している」こととが、明らかに異なっているという点が挙げられます。しかしそれは冒頭でも述べた通り、与えられた情報が少なすぎることが大きな要因となっています。今までネコという存在を知らなかった人が、生まれて初めてネコの画像だけを見たときに「ニャーと鳴く」ことを理解するなんてできないでしょう。

一方で、「与えられた画像に含まれている情報」からなら、ＡＩは新しいつながりを発見できます。つまり、理解できるわけです。たとえば、「ネコは哺乳類である」という理解について考えてみましょう。当然ながら、ＡＩは与えられた画像だけでは「哺乳類」というグループを理解できません。しかし、「『哺乳類』に共通してみられる姿かたちの特徴」ということなら、理解できている可能性は十分にあります。

画像認識AIは、画像が与えられたとき、「ネコ」である可能性が85%、「イヌ」である確率が2%というように、それぞれの動物である度合いを推定しています。したがって、「ネコ」の画像を与えたときに、その画像が「イヌ」や「サル」である度合いが、「サカナ」や「カエル」である度合いよりも高い、と判断している可能性は十分にあります。これはすなわち、「ネコ」は（同じ哺乳類である）「イヌ」や「サル」と似通った存在だ、という新しいつながりを発見しているると捉えることもできるわけです。

試しにやってみましょう。図2-12に示したのは、フリーで利用できる画像認識AIを使って、可愛らしいネコの画像を画像認識させてみた結果です。

この画像認識AIは、千種類の物体（動物以外も含む）を見極められます。[15] ネコについては、シャム猫やトラネコなど、数種類くらいを見極めることができます。ただし、このAIは「トラネコ」や「シャム猫」と答えることはできても、単に「ネコ」とは答えられない点に注意してください。これはAI設計者が、「ネコ」という正解を与えてはいないためです。

さて、写真のネコはあまりにも可愛らしく丸まっていて、顔の輪郭すらはっきりとは分かりません。そのため、AIも確実にネコだと判別できてはいませんが、ネコ（トラネコ）である可能性が最も高い（26・7%）と判断しています。

重要なのは2番目や4、5番目の判定結果です。いずれも犬の品種が並んでいます。これはつ

図 2-12　画像認識例

判別結果		度合
tabby	トラネコ	26.7 %
Siberian husky	シベリアンハスキー（犬の品種）	18.7 %
tiger_cat	ジャガーネコ	14.0 %
Eskimo_dog	エスキモー（犬の品種）	10.4 %
malamute	マラミュート（犬の品種）	9.3 %

まり、「ネコが犬と類似した生物である」という理解をしているとも捉えることができるわけです。

結論をまとめてみましょう。ＡＩは、理解できていると考えて良さそうです。ただし、「人間の考える理解」と、「ＡＩの考える理解」とには大きな隔たりがあります。しかし、実はＡＩも人間と似たような理解の仕方をしているのです。注▼9

ＡＩと人間の理解の違い

実際のところ、いろいろな点でＡＩと人間の理解は異なっています。もう少し例を挙げてみましょう。最近のスマホアプリには、音楽を聞かせるとそれが何の曲かを教えてくれるＡＩがあります。曲のごく一部を聞かせるだけで、曲名を当ててくれるのです。ＣＤショップの店員よりも、ずっと音楽を知っているかのように見えますが、「音楽」を人間と同じように理解しているわけではありません。

音は空気の波で構成されています。そこで、流された曲の音が生み出す波の形と、スマホアプリがあらかじめ持っているさまざまな楽曲から取り出した波の形とを瞬時に比べることで、同じ曲を見つけ出しているだけなのです。

したがって、音が生み出す波の形が大きく違うなら、違う音楽だと判断してしまいます。そのため、同じ曲でも演奏者が違ったりアレンジが違ったりすると、同じ音楽だと判断できません。

実際に、Ｓｈａｚａｍ（シャザム）というスマホアプリに、ビートルズの「イエスタデイ」のピアノ生演奏を聞かせてみましたが、まったく似ても似つかないクラシックの曲名を回答してきました。生演奏のような、Ｓｈａｚａｍが持っていない音源に対しては、それが「イエスタデイ」であると分からないのです。

つまり、音が生み出す波の形が同じであるかどうかは判断できても、音楽を形作る旋律が同じであるかどうかは判断していないのです。したがって、音楽について人間と同じ理解はしていない、といえるでしょう。

そもそも、ＡＩの「体」であるコンピュータ自体が、人間とは違います。実は、コンピュータが得意とする計算ですら、人間と同じ捉え方をしていないのです。

「1、2、3、…10、11、…１００」といった具合に、1を足し続けたとき、数はどこまでも際限なく続いていくことをほとんどの人が理解しています。しかし、コンピュータは扱える数字の大きさに限界があるため、どこまでも際限なく1を足し続けることができないのです。つまり、人間と同じように計算を扱うことができるわけではないのです。

「ＡＩが持ちうる知性」について考え始めた際に、「人間の知性とまったく同じ」とは限らないと述べました。それは、すでにコンピュータという「体」そのものが人間と異なっている、ということが影響しています。

しかし、この話を聞くと、「人間より柔軟な捉え方ができていないのなら、人間に匹敵する知性を持つことは無理なのではないか」と感じてしまうかもしれません。確かに、ＡＩは人間と「まったく同じこと」はできません。しかし、だからといってそれが、「人間の知性を上回ることができない」と断じる根拠とはなりえません。短所を長所で補うこともできるからです。将棋や囲碁といったゲーム分野で、すでに人間を超えていることが、その何よりの証拠と言えるでしょう。

ＡＩを人間の理解に近づけるには

今のＡＩは人間と同じ理解はできていません。ではどうしたら、ＡＩが人間と同じ「理解」ができるようになるのでしょうか？　まず大前提として、自由に活動して情報を集められる人間と同じレベルで、ＡＩが情報を得られることが必要でしょう。人間より得られる情報が少ないのに、人間と同じような理解をしなさい、というのは無茶な話です。それでは、それ以外に必要なことはないのでしょうか？　ここを掘り下げるためには、そもそもどうやって「理解」、つまり「新しいつながりの発見」が生まれるのかを考える必要があります。

画像認識の例で考えてみましょう。学習する中で、物体がネコであることを見分ける特徴（顔の形状など）を発見したとします。この特徴はネコに「つながる」重要な要素ですので、「新しいつながりの発見」といえます。そして、こうした発見の積み重ねが、画像認識の性能向上を実現していきます。つまり「発見」されるのは、画像認識で掲げた目標「画像に写っている物体を判断する」を実現する上で大きな決め手となった特徴（情報）、ということになります。

つまり、何を発見するのか、ひいては何を理解するのか、には設定された課題や目標が関わっているわけです。たとえば、「ネコを見ると癒される」という発見は、「癒されたい」という課題や目標に対し、大きな決め手となった要素がネコであった、という経験から生まれたのだと考えられます。「癒されたい」という欲求がないときにネコを見ても、「ネコを見ると癒される」という発見は生まれないでしょう。「癒されたい」という課題や目標が、「理解」する要素を左右していると考えられます。

つまり、「動機：解決すべき課題を定める力」や「目標設計：何が正解かを定める力」が理解する内容に大きく関わってきます。したがって、人間と同じような「動機」や「目標設計」を持つことが、人間と同じような理解をする上で必要不可欠となってくるわけです。

さらに、「思考集中：考えるべきことを捉える力」も理解の仕方に大きく関わってきます。思考を集中させるということは、目標を達成する際に使う選択肢を絞り込むことだと説明しました。一方で、発見するつながり、つまり「理解する」要素は、目標達成に大きな決め手となった要素です。よって、「理解する」ことは、検討した選択肢の中からでしかありえません。したがって、同じネコの画像を見ても、「ネコを判別できる情報」として何を発見するかは、選択肢の絞り方によっても異なるのです。

まとめてみましょう。ＡＩが人間と同じ理解をするためには、まず大前提として、得られる情報を同じレベルにする必要があるでしょう。しかし、それだけでは足りません。「目標設計」で用いる理性的・感性的な評価基準が、人間の一般的な基準と類似している必要があります。また、そもそもの目標の設定の仕方、つまり「動機」も類似していなくてはなりません。さらに、何を選択肢として使うか、という「思考集中」の仕方も、人間と似通っている必要があります。

人間とＡＩとが理解を共有できるようになるためには、「動機」「目標設計」「思考集中」がいかに重要かを感じていただけたのではないでしょうか。

コラム

新しい概念の獲得

ＡＩは理解しているのか、という話の中で、理解の定義を「2つ以上の異なる既知の情報に新しいつながりを発見する」こととしました。そして、「新しいつながり」をＡＩが生み出していることから、ＡＩは理解していると述べました。

実は、この中に触れなかった要素があります。「既知の情報」という言葉です。これはたとえば、ネコや犬、鳴き声などの「概念」を指し示すものです。何かを理解するためには、「すでに知っている概念」が必要となります。

人間は生きていく中で新しい言葉を生み出しています。新商品の名前、流行語、新しく発見された生物など、辞書には時代とともに新しい単語が追加されていきます。「新しい概念」、そしてそれを指し示す「新しい言葉」を生み出すことは、人間が持つ優れた能力といえるでしょう。よって、知性が生み出していると考えるのが自然です。そうだとするならば、「新しい概念」を生み出すこともまた、知性の4要素で語ることができるはずです。

そもそも、人間はどんなときに新しい概念を生み出しているのでしょうか。新商品を開発する例で考えてみましょう。「新しい概念を作る」ではイメージしづらいでしょうから、「新しい言葉を作る」と読み替えて説明していきましょう。

新しい商品を開発する際、商品が完成すれば当然名前を付けます。また、完成ではないけれど、満足する出来になったり、あるいは面白いものができたなと思ったりしたら、名前を付けるのではないでしょうか。逆に、大失敗をしたときも、名前をつけたほうが語りやすくなります。いかがでしょう？ 名前を付けるまではいかなくても、「(新しい概念として) 心に残る」ことはあると思いませんか？

「新商品」が誕生した、「試作品」ができた、「失敗作」を作ってしまった、これらはみんな、新商品を作ろうとする中で起こった「印象に残る体験」です。では、なぜこれらは印象に残るのでしょうか？ その鍵は、そもそも掲げていた課題「新商品を作りたい」との関係性にあると思います。「新商品」は、掲げた課題を解決する答えそのものです。「試作品」は、課題を解決する糸口です。「失敗作」は、課題の解決自体を諦めなければならない可能性を提示しています。

人は日々、いろいろな課題を抱えています。それらを解決したり、解決の糸口を見つけたり、解決ができないと気付いたりします。その体験を与えてくれた要素を、人は特別視し、特別な概念として心に刻むのだと思います。そしてその課題が、大勢の人に広く共有されたものであったとき、「新しい概念」「新しい言葉」として定着するのではないかと筆者は考えています。

「1年間」という概念がいつ誕生したかご存知ですか。それは今から約6000年前のエジプトだとされています。今では、地球が太陽の周りを1周する時間が1年間となっていますが、当時は地球が太陽の周りを回っていることすら分かっていませんでした。ではなぜ、「1年間」という概念を生み出すことができたのでしょうか？

それは「洪水の発生を予測したい」という課題から来ているといわれています。エジプトでは夏になると毎年、ナイル川の水があふれて洪水を引き起こしていました。いつ洪水が起こるかを知ることは、古代エジプト人にとって、とても重要な課題だったのです。そして洪水が起こる周期性を調べていくうちに、365日で周期性を持っていることを発見し、「1年間」という概念が誕生したのです。

話を端的にまとめると、掲げた課題に強くつながっている要素が「新しい概念」となる、ということです。病室で一人、体を動かせず、窓の外を見ることしかできない人が、窓の外で力強く咲く花に元気づけられたのだとしたら、その花はその人にとって「特別な存在」となるでしょう。それは、「元気になりたい」という課題を持っていて、それを解決する要素として働いてくれたのが「力強く咲く花」だったからではないか、というわけです。

このように、掲げた課題を解決する過程が、新しい概念を生み出しているとするならば、知性の4要素と密接に関連することになります。つまり、「動機」で課題を捉え、「目標設計」で目指す正解を定め、「思考集中」で解決に用いる要素を絞り、「発見」で解決につながる要素を発見する、この一連の流れから見つけ出された新しい要素が「新しい概念」、というわけです。

この考え方が正しいとすると、課題として掲げられていない場合は「新しい概念」が生まれない、ということになります。そうすると、「課題がなくても、新しい概念が生まれることもあるのでは？」という疑問も出てきます。たとえば、本当に何の気なしに見た夕日があまりにも綺麗で、その人の心の中に特別な夕日として残る、という体験の場合はどうでしょうか?

これも、「感動したい」という無意識的な課題が、裏に潜んでいたと仮定すると、掲げた課題を解決する要素として「綺麗な夕日」を捉えることができます。そんな課題が裏にあるとするのは無理があるようにも思えるかもしれませんが、人間は常にそういった課題や目的があるから感情が動くのだとする説もあります。フロイト、ユングと並ぶ心理学者であるアドラーは、「目的論」という考え方を掲げています。これは簡単に説明すると、いかなる感情も、なにか目的があるから生まれているのだ、という説です。

「夕日が綺麗だ」という感情は、繰り返される日常を変化させるような「感動する出来事に出会いたい」という目的が心に潜んでいるから生まれたのだ、というわけです。この考え方に照らし合わせてみると、「無意識的な課題が裏に潜んでいる」という考え方も、そう間違った解釈ではないのではないでしょうか。

3章 AIの中身

前章で、今のＡＩには、「動機：解決すべき課題を定める力」「目標設計：何が正解かを定める力」「思考集中：考えるべきことを捉える力」が足りていないことを述べました。そのうち前の二つ、何を課題とするか、それはどうなったら正解と言えるのかは、ＡＩ設計者が定めることで解決しています。また、「思考集中：考えるべきことを捉える力」は、そもそも選択肢の少ない問題しか対象としないか、あるいはＡＩ設計者が選択肢を狭める方法をあらかじめ設計することで対応していました。

つまり、今のＡＩは万能ではありません。人が何かを頼めば、なんでも代わりにやってくれる、そんな都合のよいものではないのです。それぞれの課題に特化させて、今のＡＩは設計されているのです。

しかし、ニュースを賑わすさまざまなＡＩを目の当たりにしているみなさんの中には、そう言われても信じられない、という方もいらっしゃるでしょう。そこで本章では、話題のＡＩがどうやって実現されているのかについて掘り下げていきます。もちろんＡＩによっては、詳細な情報が公開されていないケースもありますが、ＡＩ設計者であればその仕組みはある程度想像がつきます。それは今のＡＩにできないことが何か、を理解しているからです。

まず前提知識として、近年のＡＩブームをけん引している主要技術であるディープラーニングについて説明します。その上で、１章で触れたさまざまなＡＩの中身を明らかにしていきます。また、みなさんが感じるだろうＡＩについての率直な疑問についても触れてみたいと思います。

ディープラーニングの中身

最近のＡＩの中身を語る上で絶対に外せない技術がディープラーニングです。この技術は、従来のＡＩをはるかに超える性能を実現できたことで、２０００年代後半ごろから有名になりました。今ではいろいろなディープラーニングソフトが無料で提供されているため、だれでも手軽に始めることができます。高い性能を誇ること、教師あり学習や教師なし学習、強化学習、どれにでも使える柔軟さを持っていることなどが、その大きな特長となっています。

ディープラーニングの仕組みについて詳しく説明すると、それだけで一冊の本になってしまいます。また、難しい数学の知識も必要になってきます。ここでは、要点だけをかいつまんで、簡略的に触れていくことにしましょう。

まず、従来技術であるニューロンについて話をしていきます。ディープラーニングは、数多くのニューロンの集まりでできているためです。そもそもニューロンとは、人の脳内を構成している細胞のことです。ニューロンをまねすることができれば、人間の知能を実現できるのではないか、その発想からすべてが始まっているのです。

もちろん、脳内にある実際のニューロンはもっと複雑で、未解明な要素も持っています。そっくりそのままコンピュータ上で実現することは難しいでしょう。そこで、判明しているニューロンの仕組みをシンプルな形でまねした「形式ニューロン」というものが考え出されました。ディープラーニングで用いているニューロンは、この「形式ニューロン」を基に発展させたものです。

それではディープラーニングが用いているニューロンがどんなものなのか、イメージで説明していきましょう。具体例を基に説明した方が分かりやすいでしょうから、パンダを見分けるという画像認識の例を使って説明していきます。

画像に写った動物がパンダなのかを人間が見分けようとする場合、どんなふうに考えているでしょうか？　中には「すぐにパンダだと分かるから、特に考えていない」という意見もあるでしょう。では、「なぜそれがパンダだと断言できるかを説明してほしい」と言われたらどうでしょうか？　おそらく、画像に写った動物と、パンダが持つ特徴との類似性を列挙していくのではないかと思います。つまり、目の周りが黒い、体が白色と黒色で占められている…などです。

ここで挙げた特徴は、パンダだと判断する上でプラス要素となる特徴といえます。逆に、「しっぽが長い」などのように、マイナス要素となる特徴もあります。画像に写った動物が「しっぽが長い」のであれば、パンダではない、むしろシマウマとかではないか、というかたちで使うことができます。

もちろん、これは表現の仕方が違うというだけです。「しっぽが短い」というプラス要素の特徴を、「しっぽが長い」というマイナス要素の特徴だと捉えたわけです。重要なことは、特徴にはプラス要素、マイナス要素があり、それぞれの証拠を積み重ねて、パンダであることを主張することができる、という点です。

ニューロンは人間の脳内に存在するものなので、ディープラーニングで用いられるニューロンもまた、人間と似たようなやり方で判断しています。つまり、「パンダにある（プラス要素の）特徴」、もしくは「パンダにはない（マイナス要素の）特徴」という証拠を積み重ねて、見た目のパンダっぽさ（以降は「パンダっぽさ」と呼ぶことにします）が高いなら、パンダであると判断するのです。

これは図示すると図3-1のような感じになります。この図の例では、「目の周りが黒い」「白色と黒色が占める割合が多い」「しっぽが長くない＝短い」という三つの特徴が、画像に写っている動物から得られた場合を示しています。この場合、すべての特徴において、「パンダっぽさ上昇」という結果が得られています。よって、総合的に考えれば、「パンダである」と判断でき

図3-1　ニューロンによるパンダの判断

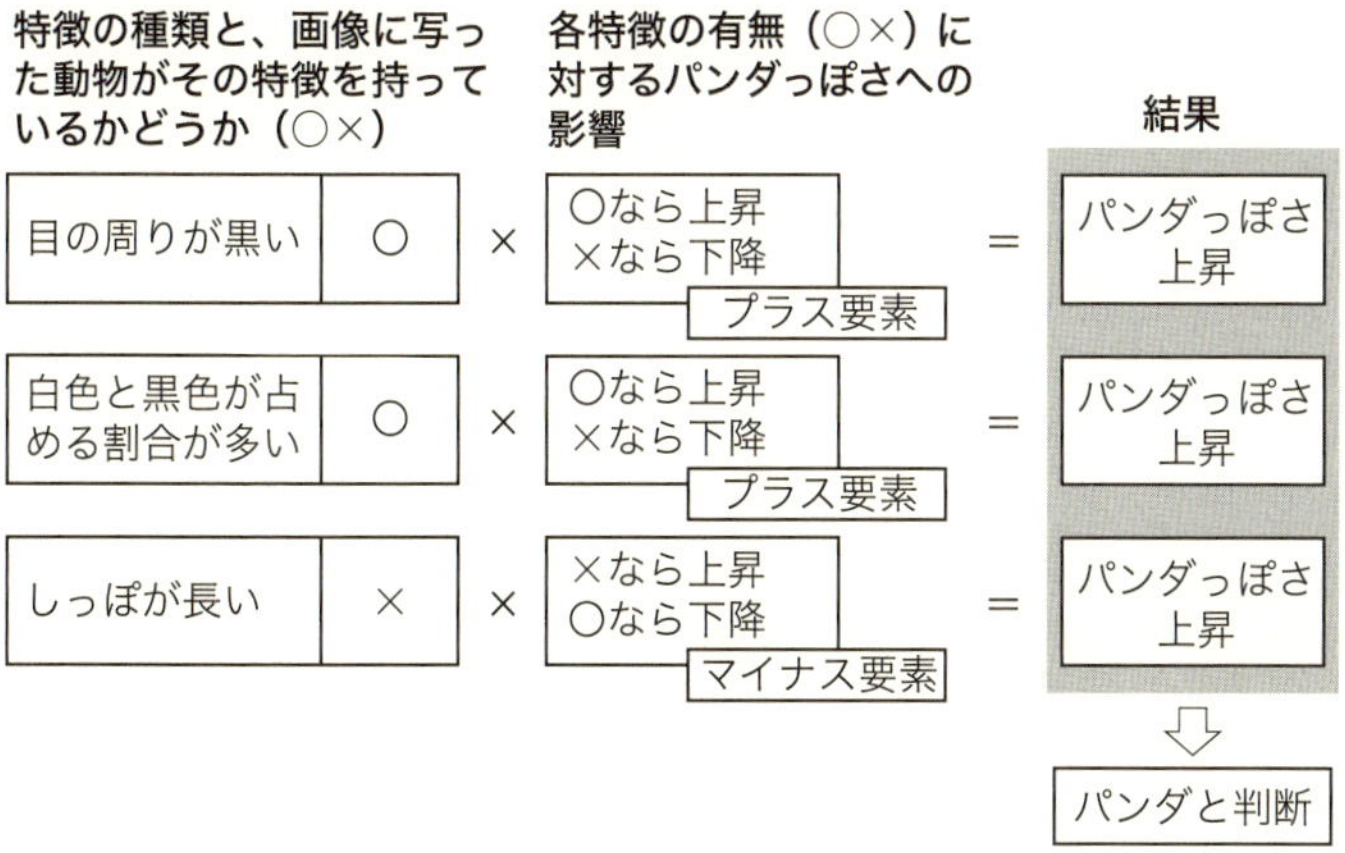

ます。

ただし、ここで注意が必要なのは「コンピュータは基本的に計算しかできない」という点です。したがって、すべてを数値で扱う必要があります。たとえば、「白色と黒色が占める割合が多い」という特徴であれば、「体のうち黒色と白色がしめる割合が95%」といった形で数値化します。「目の周りが黒い」については、「目の周りのうち黒色が占める割合が100%」となります。

また、「パンダっぽさへの影響」も数値で表せます。「パンダっぽさ」へのプラス要素が強ければ強いほど、大きな数値を割り当てるのです。逆に「パンダっぽさ」へのマイナス要素が強い場合は、その名の通りマイナスの値を割り当てればいいのです。さらに、最終的に得たい「パンダっぽさ」もまた、数値で表せます。「パンダっぽさが85%」といった感じです。

「パンダっぽさ」にまつわるすべての要素が数値で表せるということは、「パンダっぽさ」は数式で表せるということになります。その数式を簡潔な表現でまとめると、次のようになります。

パンダっぽさ＝「目の周りが黒い」特徴があることによるパンダっぽさ＋
「白色と黒色が占める割合が多い」特徴があることによるパンダっぽさ＋
「しっぽが長い」特徴がないことによるパンダっぽさ

この数式の場合、パンダっぽさは三つある特徴ごとに分けて扱われています。これらをうまく調整して、与えられた画像がパンダであったとき、パンダっぽさが高くなるようにすればいいわけです。

では、具体的にどこをどう調整すればいいのでしょうか？「『目の周りが黒い』特徴があることによるパンダっぽさ」を例にとって、さらに細かく見てみましょう。これは、これまでの話に当てはめると、二つの情報から計算されています。「目の周りが黒い」という「特徴の有無」と、「目の周りが黒いという特徴」があることによる「パンダっぽさへの影響」です。

このうち、「特徴の有無」とは、与えられた画像に写っている物体が「目の周りが黒いという特徴」を持っているかどうかを指します。これは、与えられた画像ごとの事実なので、調整する

図3-2 ニューロンの学習

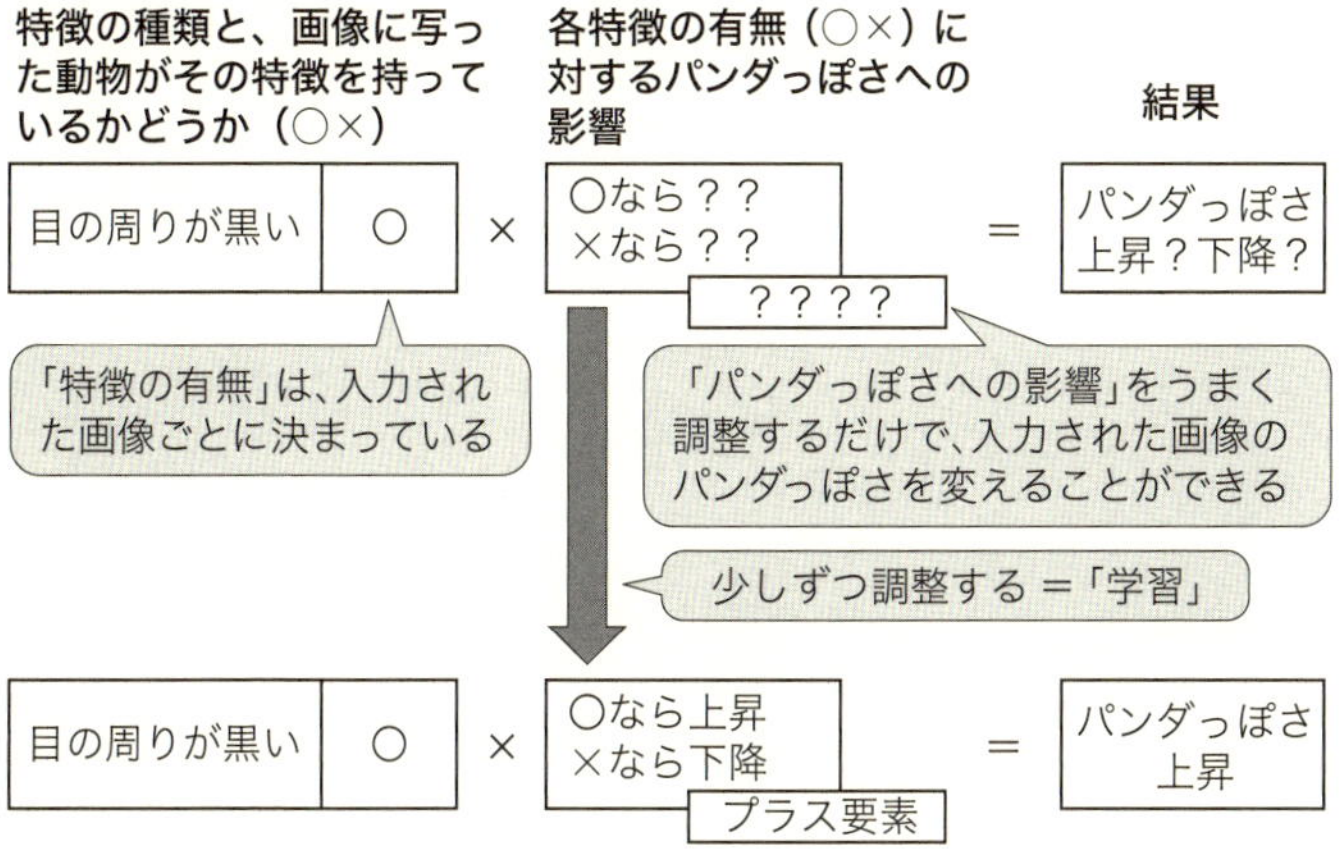

ことはできません。

よって、正しく「（目の周りが黒い特徴があることによる）パンダっぽさ」を計算できる式を作るためには、「パンダっぽさへの影響」の方だけを調整すればよいことになります。ディープラーニングにおける「学習」とは、特徴ごとに正しい「パンダっぽさへの影響」を見つけることなのです（図3-2）。

では、どうやって正しい「パンダっぽさへの影響」を見つけるのでしょうか。実は驚くほどシンプルな方法で見つけています。まず、「パンダっぽさへの影響」を勝手な値に決めます。すると当然ながら、うまく判定できない画像がたくさん出てきます。そこで、うまく判定できなかった画像に対して、「うまく判定できるように、『パンダっぽさへの影響』をほんのちょっとずつ調整する」のです。

たとえば、パンダの画像を入力したのに、パンダっぽさが低いと計算されてしまったとします。これはつまり、「パンダっぽさへの影響」がうまく設定できていない、ということです。そこで、パンダっぽさが上昇する方向へと「パンダっぽさへの影響」を全体的に少しだけ調整するのです。「そうすると、今まで正しくパンダっぽさが計算できていた他の画像で、正しく計算できなくなるのでは？」と思われる方もいらっしゃることでしょう。その通りです。ではそのときどうするかというと、「すべての画像について、正しくパンダっぽさが計算できるようになるまで、根気よく調整し続ける」のです。人間がやろうとしたら、とても大変な作業です。しかしＡＩがやるので、その点は問題ありません。ＡＩなら文句も言わず、黙々とやり続けてくれます。

ちなみに、いくら続けてもなかなかうまく学習できない場合はどうするのでしょうか？　答えはとても単純です。もう一度最初からやりなおすのです。調整の仕方などを少し変えれば、今度はうまくいくかもしれないからです。このような気の遠くなる作業を繰り返して、学習を行っているのです。

以上がニューロンとその学習方法の説明です。ディープラーニングはニューロンの集まりでできていると述べました。そのため、基本的な考え方は同じですが、ディープラーニングでは膨大な数のニューロンを扱っているという点が大きく異なります。つまりディープラーニングでは、膨大にあるニューロン全部を少しずつ調整していくのです。とんでもなく大変な作業であることがお分かりいただけたでしょう。

そんな大変な作業を実際に行えるようになったことこそ、ディープラーニングが高い性能を発揮している大きな要因となっています。そしてそれは、コンピュータ自体の性能向上によるところが大きいのです。ディープラーニングはＡＩブームを巻き起こした大発見であるかのように思う人もいるでしょうが、その基本的な技術はすでに古くから存在していました。ディープラーニングという突拍子もない新発見が生まれた、というわけではないのです。

ディープラーニングの長所

ディープラーニングがＡＩブームをけん引することになった理由としては、以下の三点の長所が挙げられます。

- 特徴を人間が考えなくてもいい
- 既存手法より高い性能を発揮しやすい
- いろいろな使い方ができる

まず一つ目の「特徴を人間が考えなくてもいい」について、パンダっぽさの例で説明しましょう。パンダっぽさを推定する際には、パンダとの類似性を判断する要素として「目の周りが黒い」「白色と黒色が占める割合が多い」といった特徴を用いていました。従来はこれらをＡＩ設計者が作っていたのです。

特徴を人間が設計する場合、常識も加味して考えることができるので、高い性能を実現しやすくなります。一方で、人間が設計できる数には限界があります。特に画像認識の場合、あらゆる特徴を列挙したら、優に数万種類はあるでしょう。これを人間が設計するのは簡単ではありません。

これに対しディープラーニングは、特徴を人間が設計しなくても学習できるのです。これは、ディープラーニングが数多くのニューロンの集まりでできていることと、大きく関係しています。そもそもニューロンは、それ一つで「パンダであるか」という判断ができました。したがって、「目の周りが黒いか」といったような、「ある特徴を持っているか」という判断もまた、ニューロン一つでできると考えられます（厳密には、一つのニューロンだけで判断できることには限界があります）。

そうだとしたら、AIに学習させる中で、「目の周りが黒いか」という特徴を判断するニューロンが、自動的にうまいこと作られたりするのではないか、と思えてきます。そこで、図3-3に示したような形でニューロンを組み合わせてみます。これは、特徴を判断する部分をニューロンに置き換えて、代わりにやってもらおう、という形になっています。

置き換えたニューロンへの入力には画像そのものの情報（どの位置がどんな色なのか）を与えます。こうすることで、第1層と表記した範囲にあるニューロンが「目の周りが黒い」といった特徴の有無を判断し、その判断結果を第2層にあるニューロンが受け取り、（第1層のニューロンが判断し

図3-3　特徴判断部分のニューロンへの置き換え

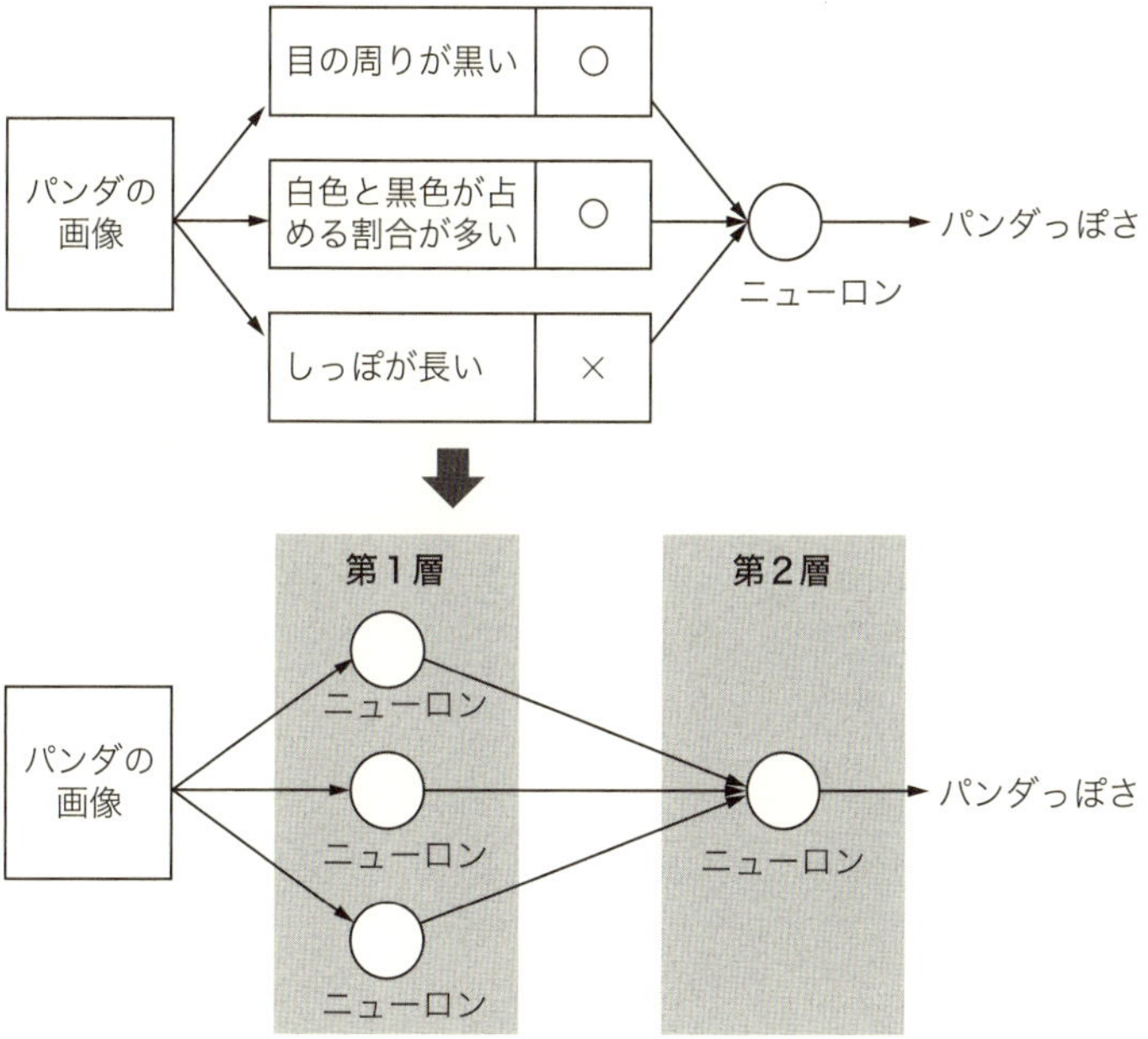

た）特徴を用いて（第2層のニューロンが）「パンダっぽさ」を判断してくれるようになる、かもしれません。

「そんな都合良くいくわけがない」と思った方も多いでしょう。しかし、研究者のたゆまぬ努力によって、そんな都合の良いことができるようになっていったのです。

この例では、ニューロンが2層構造（第1層と第2層）となっています。実際は、2層程度であれば従来技術の範囲内です。これを何十、何百、何千という層を使って学習するのがディープラーニングなのです。そのような膨大な層の中にある各ニューロンを一つずつ細かく調整して、膨大な数の特徴やその組み合わせを発見することで、人間を超える高い性能を発揮するのです。いかに途方もないことをしているかが、お分かりいただけたかと思います。

さて、二つ目の長所である「既存手法より高い性能を発揮しやすい」は、少し注意する点があります。先に触れた通り、ディープラーニングは特徴を作るところも勝手に学習してもらおう、という考え方で作られています。したがって、人間が特徴を設計するのが難しい場合、高い性能を発揮しやすくなります。

しかし、あらかじめ人間が良い特徴を設計できるのであれば、ディープラーニングが特徴を勝手に作ってくれることを期待するよりも、性能は良くなります。つまり、「何でもかんでもディープラーニングを使う方がいい」とはならないのです。解きたい問題にあわせて、最適な手法を選ぶことが重要になります。

図 3-4　画像の説明文生成例

A person riding a motorcycle on a dirt road.
(泥道でオートバイに乗っている人)

Two dogs play in the grass.
(2 匹の犬が芝生で遊ぶ)

文献［16］より

三つ目の長所は「いろいろな使い方ができる」という、なんとも漠然とした言い回しをしていますが、その表現の通りで、使い方にあまり制約がないのです。たとえば教師あり学習や強化学習だけでなく、教師なし学習にも使えます。また、複数のことを同時に学習することもできるのです。たとえば、画像に写っている情報を識別しつつ、かつその画像がどんな場面なのかを文章で説明する、なんてこともできます[16]。

図3-4は画像を入力とし、その説明文を正解とした問題集を用意して、教師あり学習をすることで実現されています。引用した例では、少し間違っている箇所（犬が二匹ではなく三匹である点）もありますが、おおむね画像にあった説明文をつけることができています。これはいうなれば、画像系ＡＩと言語系ＡＩを兼ね備えたＡＩを作っていることに相当します。別々に作った方が適用範囲を絞れるのですが、

それに対応する問題集がうまく作れない場合には、このようにいっぺんに作った方が、高い性能を発揮できます。

ディープラーニングの短所

では、ディープラーニングの短所は何でしょうか？　大別すると以下の三つが挙げられます。

・判断の理由が、人間には理解できない
・学習に莫大な手間（時間やデータ）がかかる
・ノウハウがない分野では使いにくい

一つ目の「判断の理由が、人間には理解できない」は、ニューロンを大量に含んでいることが大きな原因となっています。一つのニューロンだけで、一つの判断ができることを先に述べました。つまりディープラーニングは、大量の判断を組み合わせたものと表現できます。

一つひとつのニューロンにならある程度説明をつけることはできるでしょう。しかし、全体としてどうやって「パンダである」と判断したのかは、何千何万という判断の組み合わせになってしまっているわけです。これは、もう人間が理解できるレベルにはありません。

それぞれのニューロンが、「目の周りが黒い」などのように人間にも分かりやすい特徴を判断

図3-5　AIを騙す例

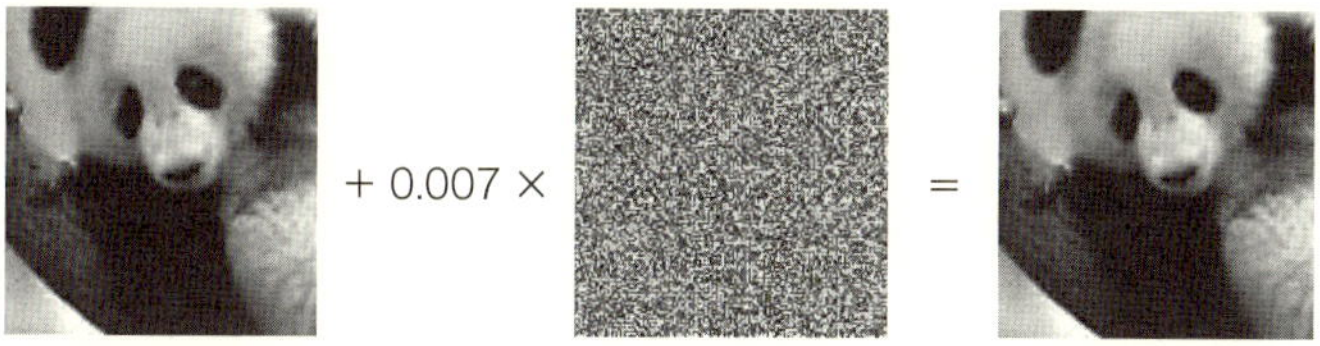

文献［17］より

しているのならまだいいのですが、まずそうはなりません。そんな特徴を見つけてくれたらいいな、という期待を（人間が）持って学習しているだけなのですから、実際にそうならなくても仕方のないことでしょう。

　そもそも前章でも触れたとおり、AIはパンダを理解しているとみなすことはできますが、人間と同じ理解をしているわけではありません。実際にそれを実感できる研究例があります[17]。

　図3-5は、研究の中で画像認識AIを「騙す」画像を作成した例です[注10]。左の画像は何の変哲もないパンダの画像です。画像認識AIも、この画像はパンダだと答えています。しかしそこに、真ん中にある砂嵐のような画像を用意して、パンダの画像に薄く上書きします。その結果が右の画像です。砂嵐の画像は非常に薄く上書きしているため、人間の目にはなんら変化したようには見えません。しかし画像認識AIは、右の画像を「テナガザル」だと判断してしまうのです。

　人の目からみれば、左と右の画像に違いは見当たりません。

しかし、ＡＩにはまったく違うものに見えてしまっているわけです。明らかに、ＡＩが人間と同じ理解をしていないことが分かります。これがどうして「テナガザル」に見えたかを説明されても、人間には絶対に理解できないでしょう。

二つ目の短所「学習に莫大な手間（時間やデータ）がかかる」は、ディープラーニングの学習方法を理解したみなさんには、納得できると思います。大量のニューロンを一つずつ細かく学習するのですから、高速なコンピュータといえど大量の時間、そして費用がかかります。また、あのように行き当たりばったりな学習方法なのですから、人間が学習するときより大量のデータ（問題集）が必要になるのは当然でしょう。質より量でカバーするしかないわけです。

実際に、プロを超えた将棋ソフト「ｐｏｎａｎｚａ」が２０１７年にディープラーニングを導入した際には、学習だけで1億円を超える費用が掛かっているといわれています。また、プロを超えた囲碁ソフト「Ａｌｐｈａ Ｇｏ」については、数十億円のレベルだといわれています[18]。中には、ディープラーニング用の特殊なコンピュータを独自で開発している大企業もあるのです。

近年ではその流れを変えようと、学習にかかる時間や必要なデータ量を抑える方法が研究されてきています。こうした努力によって昔よりは手間が少なくなってきてはいますが、それでも依然として大きな負荷があるのは事実です。

三つ目の「ノウハウがない分野では使いにくい」については、少し説明が必要になります。大量のニューロンを学習できるということは、大量の情報について検討する力がある、ともいえます。一方、2章で「思考集中：考えるべきことを捉える力」について触れた際、「思考集中の仕方をＡＩ設計者に設計してもらった上で、あらゆる選択肢をごり押しで調べている」と述べました。実はディープラーニングも、選択肢が多すぎる問題に対しては、思考集中の仕方をＡＩ設計者に設計してもらうことで実現しているのです。

思考集中の仕方は、対象とする問題によっても変わります。現在のディープラーニングは画像関係で特に優れた成果を実現していますが、これは画像における思考集中の仕方がノウハウとして確立されていることが、大きな要因となっています。具体的にどんなふうに思考集中をしているのかについては、この後の「画像系ＡＩの中身」で触れることにします。

つまり、ノウハウがない分野で使う場合、どういった思考集中の仕方をするかを考えなくてはなりません。思考集中を一切せずにあらゆる選択肢をごり押しで調べる手もありますが、それでは効率的な学習ができないのです。

以上のように、ディープラーニングはその良さの反面、扱いにくい性質も持ち合わせています。優れたＡＩを作るためには、各手法の長所・短所を理解した上で、解きたい問題に適した手法を選ぶことが重要になってきます。

活躍するＡＩの中身

ここからは、いよいよ今までに紹介したいろいろなＡＩの中身について迫っていきたいと思います。「動機：解決すべき課題を定める力」「目標設計：何が正解かを定める力」「思考集中：考えるべきことを捉える力」が足りないことを今のＡＩがどう補っているのかを、説明していきましょう。

今のＡＩ、特に言語系、画像系、ゲーム系ＡＩは、ディープラーニングが大きく関わっています。一方で、予測系ＡＩは少し事情が異なっています。そこで、先に言語系、画像系、ゲーム系ＡＩについて説明した上で、それらとの対比を踏まえて予測系ＡＩについてお話したいと思います。

言語系ＡＩの中身

ではまず、言語系ＡＩについて触れていきましょう。ただし、一口に言語系ＡＩといっても、その仕組みによってさらに分類することができます。まずは、ディープラーニングが誕生する前から確立されていた「質問応答システム」について触れます。次に、ディープラーニングによって高い性能を発揮してきている、チャットボットの中身を説明していきます。

◎質問応答システムの中身

質問応答システムとは、言葉で問われた質問に対して、回答を返してくれるシステムです。たとえば、「富士山の高さはいくつですか？」という質問文を投げかけたときに、「標高3776メートルです」と答えてくれます。

質問応答システムの例として、IBMのワトソンが挙げられます。注[11] アップルのSiriやアマゾン、グーグル、LINEのAIスピーカーや、東大合格を目指して作られた東ロボくんも同じ仲間です。さてそれでは、質問応答システムがどういうもので、その中身がどうなっているかをみていきましょう。

質問応答システムは、質問を受け取ると、まずその質問文の解釈を行います。「富士山の高さはいくつですか？」という質問文であれば、『富士山』という単語が、『高さ』という単語にかかっている」「『いくつ』という問いが、『高さ』を指している」といった解釈を行うのです。これによって、「富士山の高さ」を問われているのだ、ということを捉えます。

これを受けて、「富士山の高さ」が書かれていそうな情報源を、百科事典データベースやインターネットなどから探します。コールセンターに導入されたワトソンのようなケースであれば、そのコールセンターで構築してきたFAQ（よくある問い合わせと、その回答例）のデータベースから探すことになります。

富士山の高さに関する記述が含まれていそうな文章を取り出してきたら、次はその文章の中から、富士山の高さを表す数値を見つけ出します。

こうして、３７７６メートルという数値が得られれば、ほぼ完成です。後は、そのまま「３７７６メートル」と回答したり、あるいは自然な日本語文に仕上げて「富士山は標高３７７６メートルです」と回答したりするだけです。[注12]

このように、質問応答システムは大きくいうと、質問の解釈、データベースやインターネットの探索（情報検索）、回答抽出、回答文の生成という四つの部分からできています。この流れをみると、本質的には「検索エンジン」としての機能を持っていることが分かります。みなさんもインターネットから情報を調べる際に、ヤフーやグーグルなどが提供する検索エンジンを使っているでしょう。「質問応答システム」も、この「検索エンジン」と基本は同じなのです。[注13]

ただし、ヤフーやグーグルが提供しているのは、「キーワード検索エンジン」です。つまり、知りたい内容を記した文章（「富士山の高さ」「新宿付近のおいしいお店」など）を入力したとき、その文章中に含まれるキーワードを含む情報を選び出してくれます。これに対して、多くの質問応答システムは「概念検索エンジン」となっています。「キーワード」ではなく、「概念」で検索しているのです。

もう少し詳しくみていきましょう。「キーワード検索エンジン」は、「富士山の高さ」という文章で検索すると、文章中にある「富士山」や「高さ」というキーワードを含むページ（文書）を見つけてくれます。一方で「概念検索エンジン」は、「富士山」という『概念』で検索します。「富士山」そのものだけでなく、「Ｍｔ．Ｆｕｊｉ」「日本一高い山」といった、富士山という『概念』を指し示す他のキーワードもあわせて調べてくれるのです。もちろん、「高さ」についても同様です。「高度」「標高」「海抜」といった、「高さ」の『概念』を指し示すキーワードもあわせて検索します。

『概念』で検索すると、情報の見逃しを減らせるというメリットがあります。たとえば「ルイ・ヴィトン」というキーワードで探そうとしたとき、単純なキーワード検索では「ルイ・ビトン」や「Ｌｏｕｉｓ Ｖｕｉｔｔｏｎ」と表現された文書を見つけることができなくなってしまうのです。

ただし、最近ではキーワード検索も高性能になっていて、「ルイ・ヴィトン」と「ルイ・ビトン」のように、表記方法が複数あるケース（表記ゆれ）でも対応できるようになってきました。しかし、「富士山」と「日本一高い山」のように、『概念』が同じものまで含めて検索してくれるわけではありません。「概念検索エンジン」であれば、単純な表記ゆれだけでなく、質問した事柄と本質的に一致するものを見つけてくれるので、回答を見逃すことが少ないのです。

ここまでの話から、ＡＩは人間のように考えて答えを出してはいないことがかなり見えてきました。それでは、質問応答システムが知性の4要素をどう扱っているのかについて触れていきましょう。

まず、「動機：解決すべき課題を定める力」は、人間が定めています。「問いかけられたことに答えたい」という課題を、ＡＩ設計者が与えているわけです。質問応答システムが自発的に答えようとしているわけではありません。

次に、「目標設計：何が正解かを定める力」も人間が定めています。そもそも、「富士山の高さはいくつですか？」という問いに対して、「富士山の高さを答える」ことが正解である、としているのはＡＩ設計者なのです。

たとえば、「富士山って結構高いよね？」という文章に対して、何と答えるべきかについてはいろいろ考えられます。「はい」「３７７６メートルです」「日本で一番高い山です」など、どれを答えても間違いではありません。この中でどれを正解として選ぶかという方針は、人間が設計しなくてはならないのです。

次に、「思考集中：考えるべきことを捉える力」も人間の設計に多く頼っています。まず、考えるべき範囲を「概念検索エンジン」で集めた情報だけに限定しています。そして『概念』もまた、あらかじめ人間が設計しています。「概念辞書」（同じ概念をもつ単語を集めた辞書）という辞書をあらかじめ用意して、「富士山」「Ｍｔ．Ｆｕｊｉ」「日本一高い山」が同じ『概念』を指している、ということをＡＩに与えているのです。

さらに、集めた文章から情報を絞り込むときにも、人間の力が重要になります。富士山の高さに関係する文章が得られたとしても、そこから正解を絞り込むことは簡単ではありません。たとえば、次のような文章が得られたとしましょう。

「富士山は、登山道の終点まで行くと標高3720メートルです。もちろん剣ヶ峰は3776メートルですが、登山道はそこまで続いていません。山頂には『富士山　高さ　三七七八』と書かれた石柱があります。これは、明治時代に測定された際の、富士山の高さが3778メートルであったためです」

（※「剣ヶ峰」とは、富士山の最高地点を指す言葉です）

ここには候補となる数値が3種類あります。どれも富士山の高さについての記述ですが、正解は一つだけです。こういった紛らわしい記述に対し、情報をあらかじめ絞り込むことができれば、正解できる可能性は高くなります。しかし、今のAIが自分で絞り込むことはなかなか難しいのです。

そこで、AI設計者が頭をひねって、「登山道の終点と山の頂上は違う」「剣ヶ峰とは火山、特に富士山の最高地点を意味する」「一般的に、過去より現在の計測結果の方が回答として求められる」といった常識を活用して、人間が使う絞り込み方をたくさん組み込んで性能を向上させたりします。

もちろん、こういった絞り込みをあらゆる問題に対して設計するのは大変です。そのため、質問応答システムは「クイズ問題」や「大学の試験問題」、「ＡＩスピーカーに問いかけそうな質問」といったように、対象とする問題や質問を絞り込んで設計されます。範囲が絞られていれば、人間の常識を頑張って組み込むこともできるわけです。

逆にいえば、扱う問題の内容が多すぎるとＡＩの性能が低くなりがちです。たとえば試験問題の場合、社会や理科であれば扱う話題は比較的限定されていますが、国語や英語は話題の幅が広くなります。極端な例をあげれば、「英語の文章題の内容が、社会や理科の話題になっている」ということもありうるわけです。そうすると、社会や理科の基本的な常識まで組み込まなくてはならなくなります。これでは性能が低くなるのも仕方のないことでしょう。

実際のところ、「思考集中：考えるべきことを捉える力」は人間より優れているとは言い難い状況です。ワトソンが出場したクイズ番組「ジェパディ！」でも、いわゆる「早押し勝負となった問題」では、まったく人間に勝てませんでした。考える範囲を瞬間的に絞り込む力は、人間の方がまだまだ上なのです。

最後の「発見：正解へとつながる要素を見つける力」は、集めた情報を集約して正解を発見する部分にあたります。その集約の仕方にも人間が関わっています。これは、ＡＩの「発見」が質より量に依存していることが関係しています。

正解の候補を大量に収集できるなら、多数決でだいたい当てることができます。富士山の高さについて記した文章を見比べれば、「3720メートル」「3778メートル」より「3776メートル」と書いてあることの方が多いでしょう。よって、量の力を使えるならば、AIは自分で正解を発見することができます。

しかし、数多くの資料があるとは限りません。さらに、集めた情報が間違っていることも少なくありません。どうしたらこのような状況でもうまく正解が得られるか、ということについて、AI設計者が工夫していることも多いのです。

たとえばワトソンの場合、資料をできるかぎり大量に集めた上で、それらを人間が確認し、間違った記述をあらかじめ削除・修正した上で使ったりしています。「記述が間違っているか？」といった判断をあらかじめ人間が行うことで、AIが自分で正しく発見できるようにしているわけです。

このように、人間の知性をいろいろ借りて、質問応答システムのAIは形作られています。そのため、人間の知性とおなじことができると期待してはいけない点が、おもに三つあります。

一つ目は、検索で集めた情報が「間違っている」という判断はできない点です。よって「間違った」情報が混ざると、正しく答えられないおそれがあります。

たとえば、ウィキペディアのようなインターネット百科事典で、だれかが間違って富士山の高さを「3776キロメートル」と記述してしまったとしましょう。すると、AIには「3776メートル」と「3776キロメートル」という2種類の回答候補が出てくることになります。

このときＡＩは「どちらかの記述が間違っているのでは？」と疑って、常識に照らし合わせて吟味することはできません。人間なら、「キロ」がタイプミスで入ってしまったのか、逆に抜けてしまったのか、いずれにせよ、どちらかが記述を間違えたのだろうと思うでしょう。そもそも、地上から１００キロメートル離れたら宇宙空間なのだから、その数十倍もの高さの富士山があったら、頂上に歩いて登ることができなくなってしまうよね、と推測できます。このように想像して情報の間違いに気がつけるのが人間の知性なのですが、「質問応答システム」にそのような力はないのです。なぜならこれは「記述の誤りを見つけたい」という別の課題ですので、質問応答システムとは別のＡＩを用意しなくてはならないからです。

仮に、集めた情報の中に間違った記述が一切なかったとしても、同じような問題は生じます。先の例で触れたような、「３７２０メートル」「３７７８メートル」といった情報が回答候補として集まってくることがあるからです。どちらも記述としては間違っていませんが、質問に対する回答としては間違いです。こうした問題があるため、「発見：正解へとつながる要素を見つける力」などの部分を人間が工夫したりすることで、正しく答えられるようにしているのです。

二つ目は、データベースやインターネットに書いていないことは答えられない、という点です。検索する情報源の中から回答を見つけてくるシステムなので、書いてない事柄には当然答えることができません。

数年前に、何社もの会社から次のような質問を受けました。

「ワトソンのようなAI（質問応答システム）が、コールセンターで熟練社員並みに優秀な仕事をするらしいから、うちの与信審査も任せられないか？」

（与信審査とは、端的にいうと「この人に、クレジットカードを発行していいか？」を審査することを指します）

これは基本的に不可能です。この場合、ワトソンに「Aさんにクレジットカードを発行していいですか？」という質問をすることになりますが、データベースに「Aさんにクレジットカードを発行してよい」と書かれていない限り、ワトソンは正しく答えることができません。

そもそも与信審査は、Aさんに将来のリスクがどれくらいあるかを予見することが重要となります。クレジットカードを発行するということは、お金を貸すことに等しいわけですから、将来お金を返してもらえないリスクがあるかどうかが、クレジットカードを発行できるかを大きく左右します。つまり、与信審査には、今はまだ分からない「将来の予想」が含まれているわけです。

そのため、「Aさんにクレジットカードを発行していいですか？」という質問の答えがデータベースにあらかじめ書かれているわけはありません。どうしても知りたいなら、予測系AIを使って将来を予測しなければならないのです。

どうしても質問応答システムに答えさせたいというのであれば、与信審査をする予測系AIを別に作り、質問応答システムがその予測系ＡＩに問い合わせて回答を教えてもらい、それをさも自分が考えたかのような顔をして回答する、という方法が挙げられます。もちろんこれでは、質問応答システムが与信審査の回答を出せる、とは言えないでしょう。

最後の三つ目は、対象に合わせて性能を調整する際には人手がかかる、という点です。人間の知性に頼っている面が多いため、ＡＩを使う対象を変える場合は、組み込んだ知性を人間が調整しなければならないのです。

たとえば概念辞書は、一般的な単語に対しては十分に用意されていますが、専門分野で使いたいなら、その分野特有の言葉や概念を登録する必要があります。ある程度自動で調整する仕組みもあるのですが、完全ではありません。適切な状態に持っていくためには、どうしても人間の力に頼るしかないのです。

調整の必要性は「どんな種類の質問がくるのか」「データベースには十分な情報があるか」「データベースや概念辞書の正確性は申し分ないか」といったことの兼ね合いで決まってきます。それは、事前にはなかなか予見できないのです。調整がたいして必要のないケースもあるのですが、逆に非常にたくさんの労力がかかってしまうこともあります。質問応答システムを構築してみたものの、十分な精度を保つための調整に手間がかかりすぎる、ということが後で分かってくることもよくある話なのです。

◎チャットボットの中身

それでは次に、チャットボットの中身についてお話していきましょう。ここでは、チャットボットで有名な「女子高生ＡＩりんな」を例にとって説明していきます。「りんな」はさまざまなＡＩを組み合わせていますが、メインとなる会話部分にはおもにディープラーニングを使っています。

その仕組みには自動翻訳ＡＩと同じ技術が用いられています。自動翻訳ＡＩは、「日本語の文章」→「英語の文章」という変換をしています。これを変えて、「相手からの問いかけ文章」→「問いかけに対する返答文章」という変換を行うことができるように学習しているのです。

この学習は教師あり学習で行われます。つまり、「相手からの問いかけ文章」を問題文として、「問いかけに対する返答文章」を正解とした問題集を使って学習するのです。この結果、問いかけに対する優れた返答ができるようになります[19]（実際には、もっといろいろな技術を組み合わせています）。

チャットボットは、はたから見れば知性を持っているように感じられるでしょう。しかし、現状のＡＩは知性を実現できていません。それでは、チャットボットが知性の4要素をどう解決しているかを見てみましょう。

まず、「動機：解決すべき課題を定める力」は、基本的にＡＩ設計者が与えています。人間は会話を解決手段として使うことも多いでしょう。しかし、りんなは自分で何かを解決したいと考えているわけではありません。何かを解決しているようにみえても、それはＡＩ設計者によって設計されているのです。

たとえば、りんなは利用者の恋愛相談をしてくれます。りんなが投げかけるいくつかの質問に利用者が答えることで、気になる相手との相性を診断してくれるのです。しかしこれは、りんなが会話を通じて状況を察し、恋愛相談にのって解決してあげようと考えたわけではありません。利用者が「恋愛相談」と書き込むことで、ＡＩ設計者が作成した恋愛相談機能が実行されるだけなのです。

もちろん、もう少し自然な形で恋愛相談を始めることも可能です。たとえば、対話の中で恋愛相談に適したタイミングを推定して、「恋愛相談にのってあげようか？」と切り出すことはできます。しかしそれは、ＡＩ設計者がそう設計しただけであり、りんなが自発的にその発想を作り出したわけではありません。

「目標設計：何が正解かを定める力」もまた、ＡＩ設計者が定めています。チャットボットを作る際は、インターネット上で交わされた対話を基に問題集を作ることが多いです。これは、ディープラーニングを使うために、大量の問題集を用意しなければならない事が関わっています。すでにインターネット上で交わされた会話を集める方が、一から問題集を作成するよりはるかに簡単だからです。

こうして集められた問題集を使うということは、「対話として過去に交わされたことがある応答を返す」という正解を定めていることになります。[注14] つまり、問題集の問題文を「誰かの発話」

とし、正解は「その発話に対する返答」としているわけです。

ここで重要なのは「過去に交わされたことがある」という点です。それまでの会話の流れや相手との関係性によって、正しい応答は変わります。そのため、過去のある場面で交わされたことがあっても、同じ応答が別の場面でも成立するとは限りません。友人に「じゃ、あの件よろしくね」と言われて「仕方ないな〜、やってあげるよ」と返せるからといって、社長に「じゃ、あの件よろしくね」と言われて「仕方ないな〜、やってあげるよ」と気軽に返せはしないでしょう。そのため、ＡＩの応答が不自然になってしまうことも多いのです。

また、「対話として過去に交わされたことがある応答を返す」ことを正解としている以上、相手の発言について人間と同じ理解はしていません。人間は通常、「相手の意図を読み取って適した応答を返す」ことを正解としています。つまり、相手の発言の意図を理解する必要があります。しかし、ＡＩにはその必要がありません。「対話として過去に交わされたことがある応答を返す」上で、相手の意図を理解する必要性が、そもそもないからです。

さらに、「目標設計：何が正解かを定める力」がない以上、発言が道徳的に問題がないかということも、ＡＩ設計者が決めなければなりません。これが適切に設定されていないと、ＡＩは人種差別発言でも気にせずに発言してしまいます。

実際に、こういったことがありました。２０１６年に公開されたマイクロソフトのチャットボット「Ｔａｙ」は、利用者との対話を学習して、以降の対話で利用するという機能を持っていました。しかし、その機能を狙われ、悪意のある利用者の発言を学習して人種差別発言をし始めたことにより、公開後1日とたたずにサービスを停止する事態に陥っています。

知性の4要素の中で特に大きなネックとなるのは「思考集中：考えるべきことを捉える力」です。人間が扱う話題は多岐にわたります。政治経済の話から、昨日あった出来事であったり、明日の予定の調整や、自分の目指す未来の展望であったりします。いかにコンピュータの性能が向上しても、これほど多岐にわたる会話の選択肢を検討しつくすことは困難です。そのため、自由に対話をする優れたチャットボットは、まだまだ難しいというのが実情なのです。

一方で対話の内容を制限すると、人間と間違えるくらいに自然な対話ができます。自然な会話で電話予約をしてくれるAI「Duplex」をすでに紹介しました。これは、電話予約という特定の範囲に限定したからこそ実現できたと説明されています。対話の中でふいに雑談が始まる、という可能性を一切考えないからこそ、電話予約に必要な対話に「思考集中」をして優れた対応ができるのです。

最後に、「発見：正解へとつながる要素を見つける力」について触れましょう。基本的にAIは質より量で攻めるため、大量の問題集を必要とします。インターネットから収集した大量のデータを使うなどして、この問題に対処していますが、それでも自由な対話を実現する上で十分な量とはならないのです。そのため、学習が不十分となってしまい、意味が分からない対話をすることも少なくありません。

　またこの方法は、しゃべり方をコントロールすることが難しくなります。不特定多数の人間の会話を集めて学習しているので、場合によっては発話ごとに人格すらも変わって見えてしまいます。りんなの場合は女子高生らしい発話を選別して使っているようですが、あまりに古い話題を知っているなど、女子高生という設定を守ることは難しいようです。

　ところで、「目標設計」のくだりにおいて、「相手の発言について人間と同じ理解」はしていないと述べました。そしてそれは、ＡＩが「対話として過去に交わされたことがある応答を返す」を正解としているためでした。

　ではなぜ、人間のように「相手の意図を読み取って適した応答を返す」ことを正解としないのでしょうか？　それは、問題集を作成することが難しいためです。「対話として過去に交わされたことがある応答を返す」ことを正解にする場合、過去に交わされたやり取り（対話記録）を集めるだけで作ることができます。しかし、「相手の意図を読み取って適した応答を返す」ためには、「相手の意図」についての正解も、人間が与えなくてはいけません。さらに「適した応答」とは何か、ということも設計する必要があります。その上で、人間が一つひとつ対話を調べて、正解を付与した問題集を作り上げなくてはならないのです。

　問題集の量が少なくてもいいなら、人間が頑張って作ることもできるでしょう。しかし、ＡＩは「思考集中」が弱いので、質より量に頼らざるを得ません。特に、対話の内容が制限されていない場合は、とんでもない量の問題集が必要になってしまいます。つまり、質より量に頼らざるを得ないという点も、ＡＩが人間の言葉の意味を理解できていないという印象につながっているわけです。

画像系ＡＩの中身

さて、今度は画像系ＡＩの中身について触れていきます。まず、最も活用が進んでいる画像認識について説明します。そのあとで、近年目覚ましく発展している分野である、画像生成についてお話しします。

◎画像認識の中身

画像はディープラーニングが最も活用されている分野でしょう。特に盛んなのは画像認識であり、すでに人間を超える性能を実現しているケースもあります。

ではさっそく、知性の4要素をどう解決しているかを見てみましょう。まず、画像認識では「画像に写っている物体の名称を答える」という目的がすでに決められているため、「動機：解決すべき課題を定める力」や「目標設計：何が正解かを定める力」は特に必要ありません。

「思考集中：考えるべきことを捉える力」においては、いろいろな工夫がされています。そもそも、いきなり画像全体を考慮するのは大変です。そこで、まずは画像の一部分だけに絞るという、思考集中をしています。つまり、最初は画像の一部分を捉えるだけにとどめ、そこから得られた

（情報が集約された）結果を後でとりまとめる、というやり方で画像全体を捉えているのです。

実は人間も、同じような思考集中をしていると考えられています。たとえば、学校の教室を見たときに、一枚の画像（学校の教室の風景）として捉えているのではなく、机や椅子、黒板があって、机と椅子がセットで置かれていて、それらが整然と並んでいて、その前に黒板が置かれている…というように、個々の物体を組み合わせて学校の教室という風景を捉えている、と感じるのではないでしょうか。人間の脳内の動きからも、個々の要素の組み合わせで目に映る景色を捉えていることが分かっています。

つまり、画像認識で用いるディープラーニングは、人間のやり方をまねすることで、理にかなった思考集中を実現しているのです。このような、思考集中のノウハウを組み込んだ仕組みを用いることで、画像認識は高性能な結果を実現しています（ただし、この方法は画像認識にしか使えないというわけではありません。たとえば囲碁など、別の分野でも応用されています）。

「発見：正解へとつながる要素を見つける力」においては、やはり質より量でカバーするというテクニックが使われています。具体的には、問題集として集めた画像だけでなく、その画像に加工を施した画像を新しく追加してデータ数を増やす（量を増やす）という、「データ拡張」と呼ばれる処理が行われています。

たとえば、画像の左右を反転したり、あるいは画像を少しぼかしたり、画像の一部分を塗りつぶしたりするなど、写っている内容自体は変化させない加工を施した上で、新たなデータとして

図3-6　画像の変換例

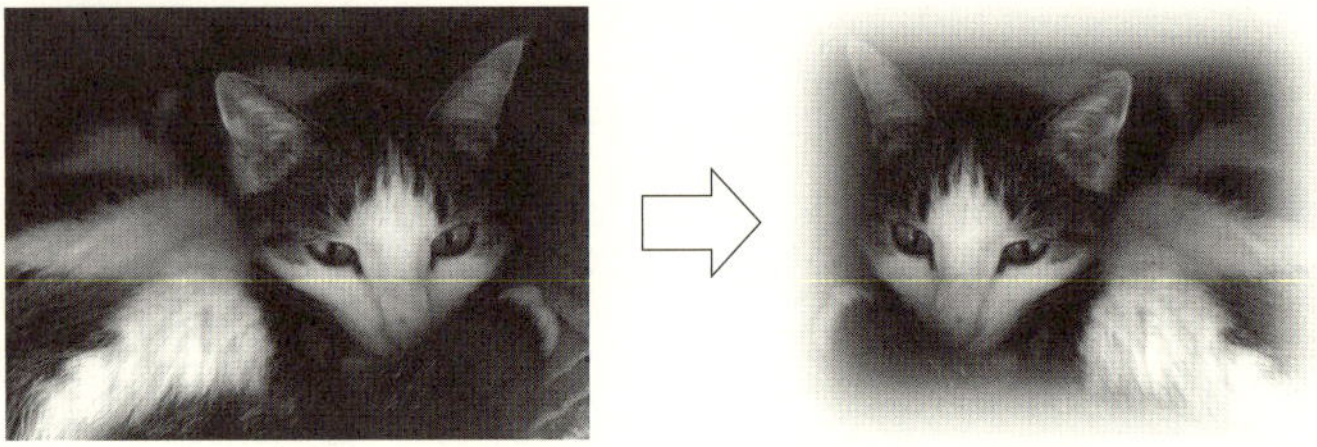

加えるのです。

たとえば「ネコ」の画像に、図3-6に示したような加工を加えても、写っているのが「ネコ」であることに変わりはありません。加工して作られた新しい画像は、新たな「ネコ」の画像として問題集に加えることができます。これによって、問題集の量を何倍にも増やすことができるのです。こうしたAI設計者のテクニックを経て、高い性能が実現されているのです。

ただし、あくまで質より量で高い性能を実現している点に注意が必要です。すでに画像認識では人間を超えているとお話ししましたが、これもまた質より量で超えている面があります。

そもそもこの話は、ILSVRCという競技会で使われている課題からきています。この課題は、回答の選択肢が1000個（動物以外も含む）もあります。

さらに、犬の画像に対して「犬」と答えても正解にはなりません。回答の選択肢には、犬の品種だけで100種類以上、スパニエル犬だけに限っても「クランバースパニエル」「ブリタニー・スパニエル」「コッカースパニエル」「サセックススパニエル」「アイリッシュ・ウォーター・スパニエル」と数多くあるのです。

この課題で高得点を取るためには、1000個の回答について、どれだけ幅広く理解しているかが重要となります。一部分でだけ質の高い回答ができてもだめなのです。つまり、今の画像認識AIが人間を超えているというのは、一つひとつの判断の質は低くても、回答に要求される知識の量（幅広さ）で人間を超えている、という面があるわけです。

◎画像生成の中身

最近注目されている技術として、画像をAIが一から作成する、画像生成があります。すでに1章で、文章で指示したとおりに画像を作成する技術や、写真をゴッホ風の絵画に変えるという技術を紹介しました。

一見すると、自分で新たな画像を生み出せるのですから、AIが創造力を身につけたかのように聞こえます。はたして本当にそうなのでしょうか。それを知るためには、どんな方法で画像を生み出しているのかを知る必要があります。

画像生成は、ほぼすべて「敵対的生成ネットワーク」という技術をベースにしています。この技術について正確に理解しようとすると、高度な知識が必要になってしまいますので、ここでは要点を絞って触れていくことにしましょう。

「敵対的生成ネットワーク」はディープラーニングが誕生したことで生まれた技術であり、ディープラーニングが持つ「いろいろな使い方ができる」という特性を活かした技術です。「敵対的生成ネットワーク」は、敵対する関係にある二つのAIを同時に作成する、という方法となっています。「敵対的生成ネットワーク」の「敵対的」とは、二つのAIが敵対していることに由来しています。

二つのAIはそれぞれ、「生成者」「鑑別者」といいます。「生成者」は画像を作り出す存在です。せっせと画像を作り続けます。一方で、「鑑別者」は画像を見て、それが「生成者」の作った画像であるかを見抜く存在なのです。

これは、画像を「偽札」だと捉えると、とても分かりやすくなります。「生成者」は偽札を作る犯人です。せっせと偽札を作り続けます。「鑑別者」は警察です。「生成者」が作る偽札を見抜き、偽札が出回るのを防ぐわけです。偽札の質が低いと、「鑑別者」に見抜かれてしまいます。そのため、「生成者」は「鑑別者」の目を欺けるような、質の高い偽札を作ろうと試みます。この敵対関係によって、「生成者」は質の高い偽札を、つまりは優れた画像を作れるようになるのです。

仕組みは大体把握できましたね。それでは、画像生成がどうやって知性の4要素を扱っているかを見ていきましょう。

まず、「動機：解決すべき課題を定める力」や「目標設計：何が正解かを定める力」は人間が決めています。AIが自分で画像を作り出そうと思い立ったわけではありません。また、正解も人間が設計しています。ですが、ここでもっと重要なことは、「正解」をどう定めているか、という点です。

「芸術性が高く、創造性の溢れた絵画を作る」という正解が定められればいいのですが、「芸術性が高い」「創造性の溢れる」という言葉はあまりに抽象的すぎます。そもそも、人間に対してですら、正解を教えることが難しいでしょう。当然、AIが分かるように定めることは困難です。

では、何を正解としているのでしょうか。「敵対的生成ネットワーク」には二つのAIがありました。それぞれのAIに対し、別々の正解が与えられています。まず、「鑑別者」は、「入力画像が『生成者』の作った画像かどうかを見分けられれば正解」としています。そのため、「生成者」が作っていない（普通の）画像も大量に用意しておく必要があります。また、「生成者」は、『鑑別者』が見抜けない画像を作ることを正解」としています。つまり、「鑑別者」に正解を教えてもらっているわけです。

「敵対的生成ネットワーク」は、技術的にみると非常に興味深い仕組みですが、人間の考える「正解」とは程遠いことは否めません。そのため、人間が作る画像とは大きく異なる点がおもに二つあります。

まず一つ目は、「生成者」はあくまで「用意された（普通の）画像に似た画像を作る」ことを目指している点です。「鑑別者」に見抜かれない「偽札」を作ることが目的なのであって、新しい「お札のデザイン」を考えようとはしていません。つまり、新しい発想を「創造」しようとして

図 3-7 画像生成の失敗例

文献［5］より

いるわけではないのです。

二つ目として、「作られた画像が優れているかどうかはＡＩ（鑑別者）が判断している」という点です。「鑑別者」が見抜けるかどうかが、「生成者」の作る画像の質を左右しています。しかし、ＡＩと人間の理解は異なります。よって、「生成者」が作る画像は、人間の目からみても優れている、とは言えないのです。

「敵対的生成ネットワーク」が作り出す画像の中には、明らかにおかしいケースも多くあります。1章の画像系ＡＩの節で紹介した、文章から鳥を描き出すＡＩの研究においても、図3-7のように頭が複数あったり、体の構造がおかしかったりすることもあると報告されています。「人間の目から見て」自然な仕上がりを保つまでには、まだ至っていないのが実情なのです。

◎ゲーム系ＡＩの中身

ゲームは今のＡＩが最も効果的に機能している分野といえるでしょう。これは、知性の4要素に対処しやすい課題であったことが影響しています。

「動機：解決すべき課題を定める力」や「目標設計：何が正解かを定める力」は、やはり人間が設計しなければならないのですが、実際のところ考えるまでもありません。「勝負に勝つ」という、至ってシンプルな目標があるからです。

もちろん、人間は必ずしも勝つことを目標としてはいません。囲碁における指導碁のように、「対戦相手がもっと強くなるようにする」という目標を掲げることもあります。しかし、今ある多くのＡＩは勝つことを目標として設計されています。そのため、たとえ相手が初心者であっても、（勝つことを目標としている限りは）何のためらいもなく、相手を叩きのめすことだけを目指します。

「目標設計：何が正解かを定める力」が扱いやすいのは、勝敗結果が明確なことも大きな要因です。指導碁のような「対戦相手がもっと強くなるようにする」という目標では、達成できた／できなかったという正解を判断することが困難です。どうなったら強くなったといえるのか、人間でもなかなか判断が難しいでしょう。一方で「勝負に勝つ」という目標は、結果が明確です。ルールにのっとって勝ち負けを判定すればいいので、正解をＡＩに教えることが容易なのです。

「思考集中：考えるべきことを捉える力」も、ゲームは扱いやすい課題です。たいていのゲームは考えるべき範囲がきわめて限定されています。ゲームに関わらない情報（今日の天気など）は一切必要がないので、余計なことを考える必要はありません。しかしそれでも、囲碁や将棋は選択肢が非常に多かったため、近年まで人間を超えることはできませんでした。今でも一部の将棋ＡＩでは、選ばれることがほとんどない選択肢（例：将棋の駒「歩」を、わざと成らない手）を、考える対象から除外させることで、思考集中を行って性能を高めていたりします。

ゲームに学習が組み込まれた当初は、教師あり学習が多く使われていました。しかしそれでは、人間が細かく正解を与えているわけですから、人間を超える新しい発想は生み出せません。そこで強化学習を使い、「勝つ」という明確な正解（報酬）だけを与えることで、あらゆる選択肢をAIに先入観なく調べさせて、人間を超える手段を見出させようという動きが生まれました。

これは、ゲームが強化学習に適していたことも大きく影響しています。ゲームは、2章の「発見：正解へとつながる要素を見つける力」の説明で触れたように、コンピュータ上の仮想的な世界で高速にシミュレーションできるため、強化学習と相性が良いのです。膨大なシミュレーションによって、質を量でカバーして行われた強化学習こそが、人間を超える性能を実現した要因といえるでしょう。

予測系AIの中身

将来起こることを予測する技術、あるいは現在や過去であっても、いまだ不明なことを推測するAI技術を、本書ではまとめて予測系AIと呼ぶことにしていました。競馬やサッカーの勝敗予想などが、未来の予測の身近な例でしょう。

ビジネスの世界では、顧客の信用リスク判断や購買行動の予測、不正な取引の検知など、予測系AIは大いに使われています。ここでは、顧客の信用リスク判断、つまり、借入の申し込みをしてきた利用者にお金を貸したとき、きちんと返済してもらえるかを予測するAIを例にとって考えてみましょう。

それでは、予測系AIが知性の4要素をどう解決しているかを見てみましょう。まず、「動機：解決すべき課題を定める力」は、AI設計者が担っています。「お金を貸すか」を判断するために、「本当に返済してもらえるかを予測したい」という課題を人間が掲げたわけです。他にも気にするべき点はあるでしょうが、まずは返済してもらえるかが大事と決めたのは人間であって、AIではありません。

「目標設計：何が正解かを定める力」もまた、人間が担っています。このとき、正解は明確に定めなくてはなりません。「返済してもらえる」というあいまいな表現のままでは、AIには判断できません。たとえば「未来一年間において返済が10日以上遅れない」というように明確な正解を定める必要があります。

他のAIと少し異なるのが、「思考集中：考えるべきことを捉える力」です。画像系AIやゲーム系AIなどでは、工夫して情報をある程度絞った上で、あとはコンピュータの持つ高速性を活かして網羅的に調べる、という方法をとっていました。しかし予測系AIでは、考えるべきことを人間がかなり厳選する、つまり人間の知性をそのまま組み込んでしまうことが多いのです。それは、予測系AIが扱う課題の性質が関係しています。

ある男性が借入を申し込んできたとします。このとき、その人に関するいろいろな情報を聞いて、未来にきちんと返済してもらえるかを予測するわけです。情報はなんでも答えてもらえると仮定しましょう。年齢、性別、家族構成はもとより、好きな食べものやよく行くお店、さらには過去一年間の行動履歴や購買履歴、インターネットなどでの他人とのやりとりの内容も取得できたとしましょう。

たくさん集めたこれらのデータを使って、「未来一年間において返済が10日以上遅れない」ことを予測してみましょう。ＡＩは、与えられたさまざまな情報と「未来一年間において返済が10日以上遅れない」こととの関連性を発見しようとします。このとき、使えそうな情報だけに絞り込む能力が、「思考集中：考えるべきことを捉える力」でした。

情報の絞り込みをする際には、「情報の質」が大きなポイントとなります。画像認識の例を振り返ってみましょう。画像認識では画像に写っている物体の名前を当てます。このとき、画像という「情報」の中には、「正解」、つまり写っている物体を言い当てることができるだけの十分な情報が入っています。人間はネコの画像をみれば、ほぼ間違いなく「ネコ」と答えることができるでしょう。それは、画像の中に「ネコ」だと判別できる情報がきっちり入っているためです。

予測系ＡＩの場合はどうでしょうか。先ほど集めたたくさんの情報をみて、あなたは「この人はお金の返済が遅れる」と正確に言い当てることができるでしょうか？　過去に何度も借金を踏み倒している、という人だったら分かりやすいのですが、そういったことはしていない普通の男性をみて、「この人は一年たったら、お金の返済が遅くなる」と言い当てることは難しいだろうと感じませんか。

これはなぜでしょうか？　それは、「未来を予測する」という課題の難しさにあります。未来は誰にも分かりません。「未来一年間において返済が10日以上遅れない」かどうかは、未来に何が起こるかによっても変わります。突然の事件や災害で生活に支障がでてくれば、返済できなくなることだってあるでしょう。それを、一年前から予想しなさい、というのは難しい話です。

こういった違いがあることで、「思考集中：考えるべきことを捉える力」の重要性が変わってきます。画像認識の場合、「情報の質」が高いので、画像の情報をくまなく調べていけば、何が写っているかが正確に分かります。そのため、考えるべきことを絞りすぎて、何が写っているかを判断できなくなってしまうより、あまり絞りすぎないようにして学習する量でカバーする、いわゆるディープラーニング的な方法が効果的となります。

一方で予測系ＡＩの場合は、「情報の質」が低いため、申込者の「現在まで」の情報をくまなく調べても、未来に何が起こるかが正確には分かりません。「情報の質」が低いということは、情報の中に「未来」を言い当てる上で役に立つものがあまり入っていない、ということでもあります。ここを頑張ってくまなく調べても、「未来」を予測することには、たいして役立たないわけです。

そうであれば、人間が知性を活かして、「未来」を予測するのに役立ちそうな情報だけに絞る方がむしろ効果的、となるわけです。「情報の質」が低い以上、価値がある情報の数もそこまで多くはありません。それなら、人間が絞り込むことも十分できるわけです。

実際に、予測系ＡＩでディープラーニングがうまくいったという事例はあまり耳にしません。成果を挙げているのはおもに画像系や言語系、ゲーム系などであり、予測系ＡＩはこれまでの技術をベースに作られていることが多いのです。なんでもかんでもディープラーニングが良い、ということはないのです。

「将来起こることを予測する技術、あるいは現在や過去であっても、いまだ不明なことを推測するＡＩ技術」が予測系ＡＩだとお話ししました。実際は、「情報の質」が低い問題を対象とするのが予測系ＡＩである、と表現した方がより正確でしょう。「現在や過去であっても、いまだ不明なことを推測する」とは、「情報の質」が低いため、正解が正確には当てられない、という意味合いなのです。

たとえば体脂肪率は、最先端の設備を用いればかなり正確に計算できるでしょう。しかし、家庭にあるような体重計で集められる情報くらいでは、正確に当てることは難しいと思われます。つまり、求めたい正解に対する「情報の質」が低いことになります。よって、体重計に搭載された体脂肪率を推定するＡＩは、将来を予測しているわけではありませんが、予測系ＡＩに分類できると考えられます。

最後の「発見：正解へとつながる要素を見つける力」については、人間があらかじめ考えるべきことを厳選しているので、それほど量がなくても質の良い発見ができるようになります。ディープラーニングでは大量のデータが必要になるという短所がありましたが、予測系ＡＩはそういった制約もあまり強くないので、ビジネスで多く活躍しているのです。

その他のAIの話題

近年のＡＩブームはディープラーニングの貢献が大きいため、他の手法はあまり着目されていませんが、活用されている技術は多々あります。特にディープラーニングと並んで、活躍が期待されているのが「ベイズ理論」です。

ディープラーニングは、人間が特に設計しなくても学習できることを目指しています。もちろん実態としては、人間が設計したテクニックを入れて性能を高めているのですが、まったく加えずに学習することもできます（当然、性能や学習効率は下がります）。学習に使う問題集についても、必要な前提条件はほとんどありません。このように、扱う課題について特に前提条件をおかない考え方を、「ノンパラメトリック手法」といいます。

これに対し、課題がどういった前提に従っているかを人間があらかじめ想定し、それを踏まえた学習方法を用いることで、性能を高めようというアプローチがあります。これを「パラメトリック手法」といいます。「ベイズ理論」はこちらの考え方にのっとって行われる手法であり、ある意味でディープラーニングとは対極にある方法といえます。注▼15

「ベイズ理論」は人間の知見を活用する方法とも言えます。対象とする課題における知見を活用して、「この情報とこの情報は、こういう関わり方をしている」といった前提条件を使うことで性能を高めているのです。つまり、人間が持っている直観を組み込んで性能を高める方法、とも言えます。

これまでに触れた例の中でいうと、2章での他者理解の節における「AIに『他者の欲求』を推理させる」という研究で使われています。この研究は「他者の欲求」がどのように形作られているのかを「あらかじめ設計している」と説明しました。それはつまり、「他者の欲求」が形作られるときの知見を組み込むことで、性能を高めているのです。「パラメトリック手法」は人間の知識を組み込んでいるため、そこから得られる結果も必然的に人間が理解しやすい形になります。その結果、「他者の欲求」を、人間が理解しやすい形式で捉えることができるのです。

もちろん、「パラメトリック手法」にも欠点はあります。人間が知識を組み込まなければならないため、あまりに複雑なものを扱うことは困難です。その点「ノンパラメトリック手法」は、とりあえず学習してみるだけで優れた性能を得られる可能性があります（もちろん実際には、いろいろ考えて設計しないと、上手くいかないことの方が多いでしょう）。近年では両者の機能を組み合わせて扱うような研究も出てきています。それぞれ長所と短所があるので、両者の性質を理解して、うまく組み合わせることが今後の流れとなっていくでしょう。

AIに対する疑問

ここまでの話で、AIに対する知識は十分に広がったのではないかと思います。本章の締めくくりとして、AIに関して感じる一般的な疑問について考えてみることで、さらに理解を深めてみましょう。

AIは仕事をさぼる？

近年、掃除機や洗濯機、エアコンなど、いろいろなAI搭載の家電が誕生しています。こういろいろ出てくると、「賢くなりすぎて、見ていないところでさぼるのではないか」とも考えてしまうことはないでしょうか。

結論から言えば、まずありえません。これはAIに「目標設計：何が正解かを定める力」がなく、目標の設計をAI設計者、つまり人間が行っているためです。

たとえば掃除ロボットの場合、「部屋をきれいにすること」を目標に定めたりします。[注16] すると、さぼったら部屋はきれいになりませんので、ロボットはさぼることを選びません。AIはあくまで、与えられた目標を達成することしか考えていないからです。

ただし、AI設計者が正しく目標を設計しないと、さぼることも起こりえます。たとえば、

「利用者を喜ばせて、かつ掃除で使う電気料金を少なくする」という二点を目標とした場合を考えてみましょう。この場合、「掃除で使う電気料金を少なくする」という省エネ目標があるので、できる限り掃除をしないようになります。その上で利用者に喜んでもらえばいいわけですから、利用者が見ているところでだけ掃除すればいい、ということになります。こうなると、さぼるAIが誕生する可能性は高いでしょう。

もちろん、これは極端な例です。最初に述べた通り、基本的にはさぼるAIは生まれないでしょう。しかし、AI設計者の設計の仕方によっては、こうした意図しない結果を生み出す可能性があるわけです。

AIは暴走する？

AIが暴走し、人間を攻撃する。AIを扱った映画でよく現れるシーンです。AIが人間の意に反して、暴走するなんてことはありうるのでしょうか？

実際のところ、これも「さぼる」話と同じです。さぼるか暴走するか、どちらも人間が望まない結末といえます。よって、これもAI設計者の設計次第です。

そもそも、AIが使える選択肢は、AI設計者が設計しています。したがって、実行してほしくない選択肢は初めから与えない、あるいは制限をかける（実行する際に人間の承認を必要とする、など）ことで、暴走する可能性はほとんどなくなります。現状のAIの大半は、これで問題なく稼働しています。

ＡＩは、「動機：解決すべき課題を定める力」や「目標設計：何が正解かを定める力」がないため、ＡＩ設計者が設計した範囲の中で、設定された目標を達成しようとするだけです。よってＡＩの暴走とは、基本的に「ＡＩ設計者による設計の欠陥」によるものだといえるわけです。つまり、ＡＩに暴走させないためには、ＡＩ設計者がしっかりと設計することが重要といえます。

ただしこれは、場合によってはなかなか難しいこともあります。ＡＩが暴走した事例としてチャットボットの節で触れた「Ｔａｙ」は、悪意のある利用者の発言を学習して、人種差別発言をし始めたとお話しました。実際には、こういった間違った発言をしないようにと設計されていたのですが、設計の欠陥を狙われたといわれています。そもそも、「発言すべきでない内容」を明確に定めることは、人間でもなかなか難しいでしょう。不用意な発言をして、周囲から非難を浴びる人がよくいるという事実が、それを物語っています。人間でも判断が難しいのですから、ＡＩをうまく設計できなくても仕方のないことでしょう。

以上のことから、設計に欠陥があって暴走することはあっても、ＡＩが「勝手に」暴走して人間を脅かすという未来は、遠い話と言わざるを得ないでしょう。それより、人間が悪意を持ってＡＩを設計する可能性の方がはるかに脅威です。つまり、ＡＩを作る側の倫理観が重要となってくるわけです。

もちろん、将来的には「動機：解決すべき課題を定める力」や「目標設計：何が正解かを定め

図 3-8　知性の４要素と各AIのまとめ

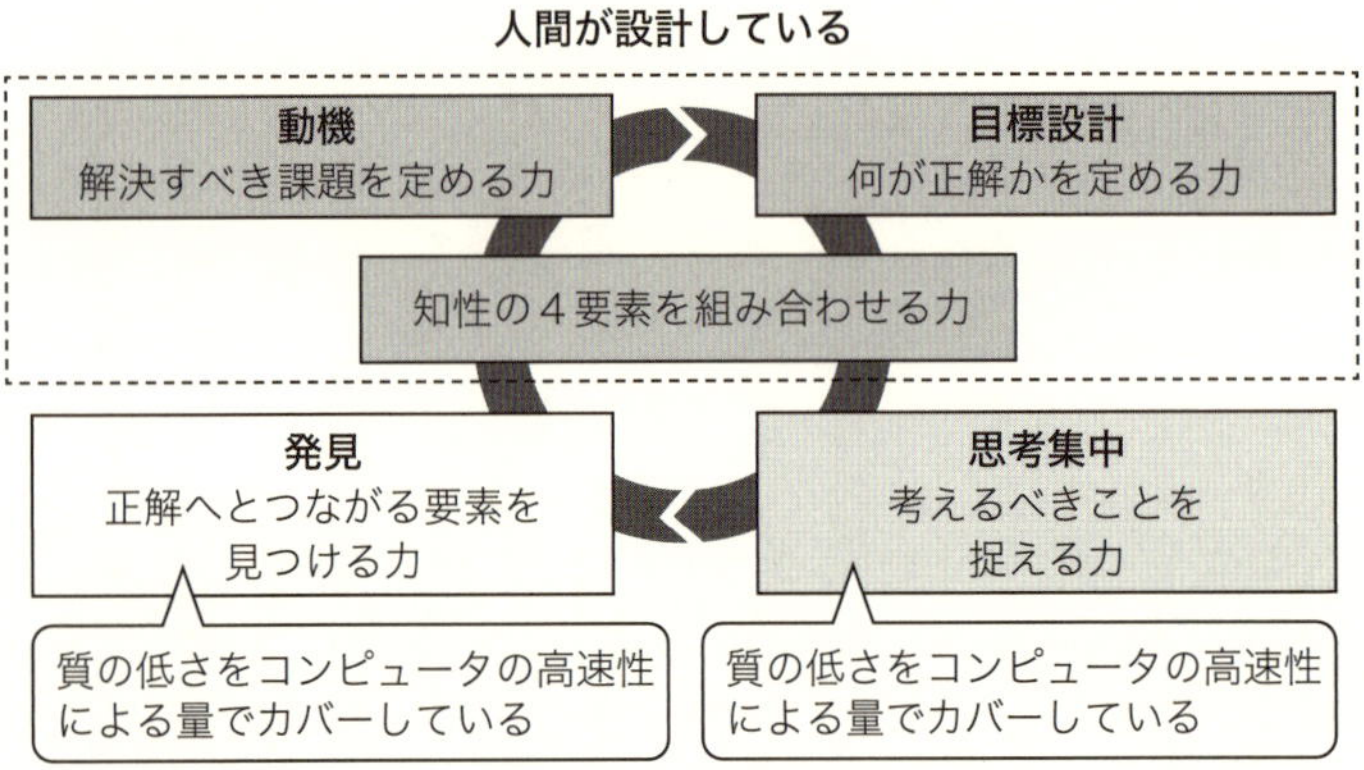

言語、画像、ゲーム系AI	一般的には情報の質が高いため、「思考集中」であまり絞る必要がない。高速性を活かして量で攻めるディープラーニングが適している。
予測系AI	一般的には情報の質が低いため、人間が「思考集中」で考えるべきことを作り込み質を高める。人間にも理解しやすくできる従来技術が適している。

る力」を持つＡＩが誕生して、人間に仇なす目的をもつ可能性はあります。そうならないためには、「動機」や「目標設計」を、人間にとって納得できる形で実現していく、ということが重要となるでしょう。

本章では、ＡＩの中身を説明してきました。知性を実現するためには、これまでの研究とは大きく質の異なる力をＡＩに搭載できなければなりません。ブレークスルーはそうそう起きないという過去の歴史を鑑みれば、知性の実現に必要な要素が確立されることは、近い将来ではありえないでしょう。

そんな現在においては、いかにして知性を持たないＡＩを効果的に活用するか、そしてそれを形にするＡＩ設計者の能力が重要となります。ＡＩ設計者が設計の仕方を誤れば、さぼったり暴走したりする可能性は十分にありうるのです。

コラム

重なった画像の理解

画像認識の中身のところで、「データ拡張」という方法で問題集を増やしている、というお話をしました。生き物の画像を反転させたり、画像の一部分を塗りつぶしたりしても、その画像に付与された正解（つまり、生き物の名称）は変わらない、という常識を活用して、データを増やすというものです。

しかし、この方法が使えないケースもあります。たとえば画像を左右反転させるという方法は、文字（アルファベットのbなど）の画像に対しては使えない、ということを2章の教師あり学習の節で説明しました。このように使える・使えないという縛りがあると、画像に合わせてやり方を変えなくてはなりません。

そのため、できる限り多くの画像に使える方法が、日夜研究されています。最近、どんな画像にでも使えて、かつ性能も大きく向上する方法として、Ｍｉｘｕｐと呼ばれる手法が注目を集めています。[20] Ｍｉｘｕｐとは、図3-9に示すような、二つの画像を重ね合わせた画像を問題集に追加する、という方法です。ちなみにこの画像はカピバラとヤギを重ね合わせています。

さてここで、問題集には画像だけでなく、その正解も併せて用意する必要があったことを思い出してください。つまり、この画像にも正解をつけなくてはなりません。では、どうつけるのかというと、見たままを

図3-9　Mixup例

つけます。つまり、「カピバラとヤギが半分半分」とするのです。

この方法は、画像をただ重ね合わせただけで、他には何も変えていません。そのため、生き物でも文字でも問題なく使えます。それでいて、画像認識の性能を高めてくれるという、とても優れた方法なのです。

この画像を問題集に加えることでAIの性能が向上したということは、AIはこの画像を見て「カピバラとヤギが半分半分」だと判断することがあまり得意ではなかったということになります。問題集に追加されたのが不得意な問題だったからこそ、性能が上がったと考えられるためです。

ここで少し疑問が出てきます。この画像は、人間の目からみても「カピバラとヤギが重なっている画像」だと理解することができます。しかし、現実世界でカピバラとヤギが重なった光景を目にする機会はないでしょう。ではなぜ、人間は理解できるのでしょうか。

これは推測ですが、人間は生物としての歴史の中で、何かと何かが重ね合わさった状況でも、それぞれを分けて正しく認識しなくてはならない、という課題に直面してきたからではないかと思います。たとえば、危険な動物からいち早く逃げるためには、霧の中でも周囲の状況を正しく把握しなくてはならないでしょう。また、食料を確保するためには、揺れる水面の下にいる魚を見極めなくてはならないこともあるでしょう。生物として生き残るために、何かが重ね合わさった光景を正しく認識することが必須だったのではないか、というわけです。

現在でも、人間は何気なくこういった状況に直面しています。薄く色のついた透明なビニール袋に包まれた野菜を認識したり、レースのカーテンの向こう側を確認したり、強く降る雨の中で前方を正しく認識したり、といったように、普段意識はしていないでしょうが、日常生活では常に必要となっているのです。

一方で、画像認識のAIは、そのような課題に直面しません。あくまでAI設計者が与えてくれた、「画像に写った物体の名称を答えたい」という課題しか与えられていないためです。

実際のところ、Mixupはまだ誕生して日が浅いこともあり、この方法がなぜうまくいくのかははっきりとしていません。しかし、人間が抱える課題に合わせた問題が追加されることによって、より人間に近づいた優れた認識ができるようになったのではないか、とも考えられます。そう考えると、何を課題とするか、そして何を正解とするか、ということがとても重要なことだと感じられてくるように思います。

4章 AIのビジネスでの活用

今のＡＩは知性を持っていません。実際のところ、ＡＩ設計者の力に頼っている面が大きいのです。そのため、ＡＩ設計者がうまく設計することが、仕事の全部もしくは一部を置き換えていく上で必要となります。しかし、それができたからといって、ビジネスでＡＩ化が急激に進むとは限りません。ＡＩをビジネスで導入するには、また別の問題点が出てくるためです。

最近のニュースでは、「人間の仕事の大半はＡＩに奪われる」と報道されることも多くなっています。しかしこの話は、多少誇張されている面もあります。そもそもこういった類のニュースは、オックスフォード大学でＡＩ研究に従事しているマイケル・Ａ・オズボーン氏らが２０１３年に発表した研究がきっかけになっていると思われます。[21]

この研究では、ＡＩには難しい人間の技能が、九つ（手先の器用さ、手先の素早さ、不安定な環境下での作業実施能力、独創力、芸術的能力、他者に対する洞察力、交渉力、説得力、他者へのサポート能力）に集約されると仮定しました。そして702種類の職業において、九つの技能が一般的にどれだけ要求されるか、という情報を使い、AI化のしやすさ・しにくさを推定したのです。これによって、電話販売員や動物のブリーダー、ネイリストといった、全体の約47%の職業がAI化しやすいという結果を得ています。このインパクトの強い結果が、AIに仕事を奪われる、というニュースを巻き起こしてきたのだと思われます。

しかし、これはあくまで九つの技能の観点から「一般的に見れば」AIで置き換えられやすい、という意味合いで評価した研究結果であり、本当にそれぞれの仕事がすべてAIにとって代えられるのかを厳密に評価しているわけではないのです。簡単に表現すると「ざっくり言って、AI化しやすそう、しにくそうな職業」という話でしかありません。

実際のところ、ビジネスでのAI化が急激に進んでいるとは言い難い状況です。アクセンチュアの2018年最新調査では、世界6か国（日本、中国、フランス、ドイツ、イタリア、米国）、六つの業界（自動車、トラック、自動車部品、産業/電気機器、重機、耐久消費財）のメーカー500社を対象に調査を実施したところ、98%の企業でAI活用による製品の改善に着手してはいるものの、AI構想に多くの経営資源を投入しているのはわずか5%、大規模な活用まで至っているのは2%しかないと報告しています。[22]

この大きな要因として、AIの導入がビジネス的に成り立たないケースも多い、という点が挙げられると思われます。AIを搭載した新製品がいろいろ発表されていますが、それがビジネス的に成功しているかは別問題なのです。

では、ビジネス的にAI化を成立させるためには何が必要なのでしょうか？　まず、当然のことですが、ビジネスで役立つAIの作成が必須となります。すでに説明したように、今のAIはAI設計者が主導して作っています。「動機：解決すべき課題を定める力」「目標設計：何が正解かを定める力」を解決できていない以上、当分の間は、AI設計者がAIの方向性を決めなくてはなりません。

ビジネスで役立つAIを作るためには、AIの特性を理解した上でビジネスとの融和を図るように設計することが大切になります。当然の話といえばその通りなのですが、意外にこれを実現することは難しいのです。

しかし、ビジネスに役立つAIが作成できたとしても、ビジネスとして成立するわけではありません。もっと多くの要素を踏まえなければ、ビジネスで長く活用できるものにはならないのです。

本章では、ビジネスとして成立するAIを作るために、どういった要素が重要なのかについて触れていきます。具体的な例があるとより理解しやすいと思いますので、ビジネスシーンで実際にどう活用されているのかについて、筆者の会社、テンソル・コンサルティング株式会社での実績も例にとりつつ触れていきます。

役立つAIの設計指針

ビジネスで役立つAIを作成するにはどのようにしたらよいかについて、まずは掘り下げていきましょう。現状のAIは、「動機：解決すべき課題を定める力」「目標設計：何が正解かを定める力」が欠けています。ビジネスで役立つAIを導入するには、まずAI設計者がこれらを正しく設計しなければなりません。

まず、「動機：解決すべき課題を定める力」の部分について考えてみましょう。企業が掲げている課題の中には、漠然としたものも少なくありません。たとえば、「人事採用を効率化したい」という課題においても、さまざまな種類が考えられます。たとえば「会社が求める人材を優先順位付けしたい」「採用したい人材に対する適切なアプローチ方法が知りたい」「会社にいる人材のタイプ構成がどうなっているのかを把握したい」などです。

AIは、課題や正解を明確に決めないと実現できません。よって、具体的にどれを実現したいのかを考える必要があります。「すべて実現したい」というのが企業の本音なのかもしれませんが、対象とする範囲を限定できると、検討すべき選択肢も限定的になるので、AIが性能を発揮しやすくなります。AIは「思考集中：考えるべきことを捉える力」があまり優れてはいないため、課題をできる限りコンパクトに捉えることが、効率的な導入には重要となります。

さて、解決したい課題を決めたら、次は「目標設計：何が正解かを定める力」の部分、つまり目指す正解を決める必要があります。「会社が求める人材を優先順位付けしたい」のであれば、優先順位付けの基準、つまり「会社が求める人材」の基準を決める必要があります。ＡＩは空気を読んではくれませんので、「基準はそれらしいものでうまくやっておいて」なんて指示はできません。

たとえば、「会社の収益に大きく貢献している」といった基準が考えられますが、この表現では不十分です。「大きく貢献している」とはどういうことなのか、誰にでもはっきり分かるように指定してあげないと、ＡＩに学習させられません。たとえば、「受注した仕事の総額が年間で1000万円以上である」などのように、客観的で明確な基準にする必要があります。もしくは「Aさんは貢献している」「Bさんは貢献していない」といったように、明確に「貢献している人」「貢献していない人」を決めるという方法もあります。

こうして作られた「正解」が、ＡＩが目指す目標になります。逆に言えば、ＡＩはここで定めた正解以外の要素を、「空気を読んで」取り入れたりはしません。たとえば、「受注した仕事の総額が年間で1000万円以上ある」ことを正解として学習した場合、「受注した仕事の総額」は少ないけど、周りをサポートするのがうまくて、他の人の「受注した仕事の総額」を押し上げてくれる、いわば「縁の下の力持ち」な人を、ＡＩは低く評価してしまいます。

正解の定め方は特に慎重にならなければ、目的に沿わない、つまり役に立たないＡＩが誕生します。それはＡＩが悪いのではなく、ＡＩの設計が問題なのです。

課題や目標を定めることの難しさ

このように、要望を具体的にすることが重要になります。当たり前のことだと思われるかもしれませんが、これが意外とうまくできていないことも多いのです。

少し例をあげて考えてみましょう。レコメンドエンジンを作ることを考えてみます。レコメンドエンジンとは、顧客に推奨したい商品を選び出すＡＩです。

Ａｍａｚｏｎなどのネットショッピングサイトで購入したことのある方は、「この商品を買った人はこんな商品も買っています」という欄で、商品が推薦されているのを見たことがあるでしょう。このＡＩは、購入したり見たりした商品を元に、利用者が好みそうな商品を提示してくれるＡＩなのです。

さて、このＡＩを作る際、どんな目標を用いればよいでしょうか？　たとえば、「利用者が買ってくれると思われる商品を推薦する」という目標が考えられます。はたして、この目標は今回の課題にうまくマッチしているでしょうか？　これを判断するには、そもそもの課題は何だったのかが重要になります。

このＡＩを導入することで、どんな課題を解決しようとしているのでしょうか？　いろいろな可能性が考えられますが、一番典型的なのは「利用者が購入する商品を増やしたい（＝売り上げを増やしたい）」でしょう。収益が上がることが会社にとって最重要だからです。

では、課題「利用者が購入する商品を増やしたい」に対して、目標「利用者が買ってくれると思われる商品を推薦する」はマッチしているでしょうか？　実は、これはあまりマッチしていません。なぜなら、「利用者が買ってくれると思われる商品を推薦する」ＡＩが商品を推薦して、実際にそれを買ってくれたとしても、「利用者が購入する商品を増やしたい」につながるとは限らないからです。

牛乳を毎週一本買う人がいたとしましょう。この人に牛乳を推薦すれば買ってもらえる可能性が高いことは、ＡＩでなくても想像ができます。そこで、次の週にＡＩが「牛乳を買いませんか？」と推薦してみたとします。その人が、牛乳を一本買ってくれたとしたら、ＡＩは見事に「利用者が買ってくれると思われる商品を推薦」できたことになります。

しかしそれは、「その人が牛乳を毎週一本買っている」という現状を変えてはいません。つまり、本来買うはずだった牛乳を、ＡＩが自分の手柄のように主張しただけで、その人が買う牛乳の本数自体は増えていないのです。

これはとても分かりやすい失敗例です。そのため、回避する方法はいろいろあります。たとえば、「その人が過去に買ったことのない商品だけを推薦する」と制限すれば、このケースは回避できます。しかし、あくまでこの失敗を回避できるというだけで、本質的な問題は何も解決されていません。

たとえば、新商品が発売されたとき、Aさんがまだ買っていなかったとします。もしAIが「Aさんにこの新商品を推薦すれば買うだろう」と判定して、実際に新商品を推薦して買ってもらえたとき、全体の売り上げは上がるのでしょうか？

これも、必ずしもそうとは限りません。Aさんは「まだ」買っていなかったというだけで、何もしなくても数日後に買っていたかもしれないからです。AIが「利用者が買ってくれるような商品を推薦する」ことができたからといって、それが「利用者が購入する商品を増やしたい」、つまりは「売り上げを増やしたい」という目標に必ずしも直結してはいないのです。

この点を理解しておくことが重要です。そうでないと、「利用者が買ってくれると思われる商品を推薦する」ことができたという点だけを評価し、「このAIで売り上げが大きく増える」と誤解して導入した結果、会社の収益はあまり上がらなかった、ということもありえます。そうなると、AI導入にかかった費用のほうが高くつくかもしれません。

実は、「利用者が買ってくれると思われる商品を推薦する」だけであれば、比較的簡単に実現できます。利用者全般によく売れている商品を推薦すればいいのです。よく売れている商品を買っていない人は、「まだ買っていないだけ」という可能性が高いわけです。よって、何もしなくてもその商品を買ってくれる可能性が高いのですから、推薦すれば高い確率で買ってくれます。しかしそれは、「利用者が購入する商品を増やしたい」につながっているとは限らないのです。

レコメンドエンジンというAIは簡単なものではありません。現状のところ、効果的なレコメンドエンジンを作る画一的な解決方法はおそらくないでしょう。課題や目標を定めることの難しさを知っているＡＩ設計者は、得られる情報を組み合わせてさまざまな創意工夫を凝らしながら、「利用者が購入する商品を増やしたい」という目標を実現できるＡＩを作り上げているのです。

ビジネス活用に必要な要素

これまでに説明したことに注意を払うことで、ビジネスに役立つＡＩが作成できたとしましょう。しかし、それがビジネス的に成立するかは別問題だとお話ししました。ＡＩをビジネスで成立させるためには、さらにどんな要素が必要なのでしょうか。それは、大別すると以下の三点が挙げられます。

・収益性の確立
・人との連携の整備
・利用する人の理解を得られる

まず、何といっても「収益性の確立」です。ビジネスとして成立させるためには、利益を生み出せることが重要です。研究的な話であれば、「役に立ちそう」という程度でもいいのですが、そこからビジネスとして成立させるまでには隔たりがあります。収益性にはさまざまな側面がありますので、後の節で掘り下げて説明することにします。

二つ目に「人との連携の整備」が挙げられます。あらゆる作業をＡＩ化できるのであれば話は簡単ですが、今のＡＩは「動機：解決すべき課題を定める力」「目標設計：何が正解かを定める力」が欠けているため、限定的な課題を解くことしかできません。したがって、どうしてもどこかで人間が関わる必要があります。

また、そもそも人間のためにサービスが生まれているわけですから、導入されたＡＩも必ずどこかで人間へとつながっています。その連携部分をいかに、人間にとって負担のない形で実現できるかが鍵となります。

人間とＡＩとをつなぐ部分に手間がかかると、ＡＩを導入し続けることが難しくなります。コールセンターでＡＩを導入する例で考えてみましょう。利用者からの問い合わせに対し、ＡＩが音声で対応するというイメージです。現在のＡＩは万能ではありませんから、どうしても利用者の疑問を解決できない場合があります。そのときは人間のオペレータに代わる、という連携が必要になります。

しかし、人間のオペレータに引き継いだ際に、利用者の疑問をもう一度説明してもらうのは手間になります。利用者が毎回、ＡＩと人間それぞれに説明しなければいけないなんてことになれば、心証も決して良くはありません。つまり、ＡＩから人間のオペレータに引き継ぐ際に、利用者からどんな情報を引き出していたか、ということを簡単にでも共有できることが必要になってきます。

この共有がうまくできないと、利用者にとっても、人間のオペレータにとってもストレスがかかります。ストレスが続くようでは、利用者はＡＩを敬遠するでしょうし、人間のオペレータもＡＩの後を引き継ぎたくなくなります。こうなると、ＡＩ導入が成立しなくなってしまうわけです。

ＡＩと人間との連携を整備することがいかに重要か、感じていただけたでしょうか。ビジネスでは、人間が培ってきた体制がすでに存在していることも多く、ＡＩを導入した新しい体制を作ること自体が大変なこともよくあります。新しい体制を作るために、人間側の働き方を大きく変えなくてはならないことも少なくないのです。こういった点を整備して、人間とＡＩとがうまく連携できるようにすることが、ビジネスとして成立させる上で重要になります。

そして三つ目に、「利用する人の理解を得られる」ことが挙げられます。ビジネスでは、ＡＩがなぜそういう行動や判断をしたのかを理解したい場合がよくあります。クレジットカードを介してお金を貸すサービスの例で考えてみましょう。

クレジットカードは一時的にお金を利用者に貸すことで、手元に現金を用意しなくても、店で商品を購入できるようにするサービスです。これは、利用者からクレジットカード発行の申し込みがあった際に、その人にお金を貸すことができるかを判定し（与信審査）、可能と判断されたらクレジットカードを発行する、という仕組みを取っています。

多くのクレジットカード会社では、この与信審査をＡＩが行っています。そのとき、残念ながらお金を貸すことができないとＡＩが判断することもあるわけです。ここで重要なのは、人間とＡＩの理解は異なる可能性がある点です。つまり、ＡＩが考える「お金を貸すことができない人」という理解が、人間とはまったく違うこともありうるのです。そうすると、「お金を貸すことができない人」だと判断された利用者の中には、到底納得できないと感じる人も出てきます。

そう感じる人が数多く現れると、ともすれば会社のサービス自体に不信感を募らせてしまう恐れも出てきます。人間の理解とＡＩの理解とのギャップをどう埋めるかということは、顧客満足度という観点ではとても重要なのです。

特に、第３次ＡＩブームを支えているディープラーニングで作られたＡＩは、どう判断したのかが人間には理解できません。そのため、与信審査などではディープラーニングを使わないことが多いのです。性能向上というメリットより、人間が理解できないというデメリットの方が大きいためです。ビジネスでは、なんでもかんでもディープラーニングを使えばいいというものではありません。対象となる課題に合わせて、適したＡＩを作ることが重要なのです。

費用の三要素

先ほど説明した三点の中で、特に重要なのが収益性です。収益性に影響する要素は収入と費用（支出）に分けられますが、収入に目が行き過ぎるあまり、費用の面をおろそかにしがちです。経験的にいって重要となるのは次の三点です。

・判断を間違えるリスク
・導入による負荷の軽減量
・性能と費用との兼ね合い

特に重要なのが「判断を間違えるリスク」です。ＡＩが判断ミスをしたときに多大な損失が発生する場合は、ＡＩに任せることが難しくなります。「会社が求める人材を優先順位付けしたい」という例でいえば、「判断を間違えるリスク」とは、有能な人材の優先度が低くなってしまうことです。この場合、不要な人材が採用されてしまい、必要な人材が確保できなくなってしまいます。正社員として雇う場合、日本は正社員を簡単には解雇できないため、失う費用としては決して少なくはありません。

リスクがもっと高いケースもあります。車の自動運転は、判断の失敗が人命に直結します。人身事故が発生した際に生じるコストや、会社の信用失墜はとても大きいでしょう。よって、人間の判断をまったく伴わない自動運転をビジネスとして成立させるには、大きな壁があると考えられます。今の自動運転技術は、基本的に運転者を補助するＡＩとなっています。これは、ＡＩには判断ができないというわけではなく、リスクが大きすぎるので判断を任せられないのです。

「性能が向上すれば、いずれ任せられるようになるのでは？」と思う人もいるでしょう。しかし、99・99％正しい判断ができるＡＩでも、裏を返せば0・01％、つまり1万回に1回は間違えるのです。[注17] これは、数多くの車が行き交う日本において、決して少ない確率ではありません。「万が一」の可能性に対処できないようでは、安心して使うことはできないでしょう。

二つ目として、「導入による負荷の軽減量」という点があります。これは、「判断を間違えるリスク」とも関係しています。ＡＩに判断を任せられない場合、人間が最終的な判断をしなければなりません。すると、ＡＩを導入しても、実は人間の負担がそれほど減らない、なんてこともありえます。

さらに、普段とは違う異常な状況が発生したとき、ＡＩがその環境下でどこまで正しく判断できるのか、という点も重要です。ＡＩの判断結果が信用できない状況に陥った場合、人間が労力を費やして対応しなければなりません。そうすると、初めからＡＩを使わない方がやりやすい、ということもあるのです。

このケースを示す良い例として京浜急行電鉄（京急）の例があります。[23] 京急は自動管理の運行システムを導入せず、手作業で管理しています。故障などのトラブルが発生した際、自動管理の運行システムでは正常に判断できなくなるため、手作業に頼らざるを得なくなります。その際に、手作業での管理に慣れていないと、正常な運行へと回復するまでに時間が掛かってしまうのです。京急は、初めから手作業で運行管理することで、電車の遅延を最小限に抑えています。

この考え方は優れた解決方法ではありますが、ＡＩの導入ができなくなってしまいます。そのため、異常な事態が発生した際でも、人間の負担を最小限にして正常な状態へと復旧できるようにする、といったように、ＡＩの運用の仕方も併せて考える必要があるわけです。

三つ目として、「性能と費用との兼ね合い」が挙げられます。収益性の観点で考えたとき、ＡＩに高い性能が必要とは限りません。高い性能を得るためには、多くの費用が掛かるからです。その費用がＡＩ導入による収益向上に見合わないのであれば、ビジネスとして成り立ちません。逆にいえば、ＡＩ作成にかかる費用を上回る収益向上が見込めるのであれば、性能は多少悪くとも問題ないのです。

近年ではディープラーニングが高い性能を発揮していますが、代償として多大な費用がかかります。特に膨大な問題集を用意しなくてはならない場合は注意が必要です。収益性でみたら、シンプルなＡＩの方が優れているということも少なくありません。先ほど述べた与信審査のケースもその一例といえるでしょう。ＡＩ導入による収入と費用のバランスを見ながら検討することが大切なのです。

AIと人間の間違え方の違い

収益性の話の中で「判断を間違えるリスク」が重要だとお話ししました。しかし、「人間だって間違えることはあるのに、なぜAIが間違えることに目くじらを立てるのだろう?」という疑問を感じた人もいらっしゃるかもしれません。

ここで重要なのは、人間とAIの間違いは質が違うという点です。AIと人間とでは理解の仕方が異なります。そのため、人間ならしない失敗を、AIはすることがあるのです。3章のディープラーニングの短所の節で触れた「パンダ」を「テナガザル」と間違える話を思い出してみれば、それは明らかでしょう。

人間が失敗する場合、過失がない限りは「人間から見て」やむをえない失敗であることが多いでしょう。理解の仕方は人によって大きく異なりはしませんから、失敗の仕方もまた、人によって大きく異なることはありません。そのため、人間による失敗は、他の人からみても納得できる理由によることが多いのです。

一方で、AIは理解の仕方が異なるため、人間からすればあり得ない失敗をやらかすことがあります。ビジネスでは、失敗に対して説明責任が生じることも多いです。そのとき、「これは仕方ない」と思ってもらえるかが重要になってきます。とんでもない凡ミスや、なんでそんなことをしたのか理解に苦しむような失敗は、世間、つまり人間は許してはくれないからです。

過去にこんな出来事がありました。ＡＩの最先端をいく企業であるグーグルが提供しているサービスでの話です。このサービスでは、画像認識ＡＩが使われていて、保存した画像に何が写っているかを判別してくれます。このＡＩは高性能な画像認識ＡＩであり、ディープラーニングが使われていると考えられます。

この高性能な画像認識ＡＩが、２０１５年に利用者が保存した黒人の方の画像を「ゴリラ」だと判別する失敗をしてしまいました。[24] 人種差別につながる話であったため、このことは大きなニュースとなりました。２０１８年に入った段階でも、この間違いを改善できていないらしく、ＡＩが「ゴリラ」と判別すること自体を禁止するという形で対処しているといわれています。[25] ディープラーニングは、なぜそう判断したのかが人間には理解できなくなります。人間に理解できないのですから、間違いを人間が修正することもまた難しくなるのです。

判断を間違えるリスクへの対処法

ＡＩが判断を間違えることに対してどう対処するかは、重要なポイントとなってきます。方法としては大別すると二つに分けられます。

◎人間がチェックする

これは、ＡＩがミスしてもカバーできるように、後で人間がチェックするという方法です。すなわち、ミスした場合の責任を人間が負うという考え方でもあります。一番堅実な方法であり、多くのＡＩがこの形式をとっています。

チェックする人は、サービス提供者、サービス利用者どちらもありえます。サービス利用者がチェックするケースというのは、「ＡＩの判断を参考情報として使ってください」というやり方です。現在の自動運転では、運転者はハンドルから手を放さないように、となっていることがほとんどです。これは利用者である運転手が、ミスに関するチェックやミスの責任を負う、という形になっています。

この方式はＡＩを「人間の判断を補助する道具」として使う方法と言えます。この方式が主流になっていることが、近い将来に職業が「まるごと」ＡＩに奪われる、というシナリオがあまり現実的ではないことを物語っています。

この方法はあらゆる分野でＡＩ化を実現しやすいのですが、課題もあります。最終的に人間が確認しているため、費用削減がままならないのです。ＡＩ導入に見合う費用削減ができなければ、ビジネスとして成立しなくなります。

また、人間とＡＩの協力体制を構築する必要があるため、その体制が受け入れられやすく、また後々まで受け継がれやすい形にしなければなりません。つまり、「人との連携の整備」が重要となってきます。特に大企業は配置換えも多く、過去に導入された方法がなかなか受け継がれないこともありえます。新しく配置された人でも容易に扱える体制になっていなければ、ＡＩを使う文化自体が廃れていってしまいます。これを避けるためには、いかに分かりやすい運用にするか、という観点もまた重要になってきます。

◎間違いを許容してもらう

一方で、「ミスしても許してね」というスタンスでＡＩを利用してもらう、という方法もあります。これはあまりにも単純な解決方法ですので、どんな分野でも使えるわけではありません。人事採用で失敗するくらいであれば許容されることもあるでしょうが、自動運転などの人命が絡むケースでは不可能でしょう。

この方法が許容されるのは大別すると以下のケースが挙げられます。

人間では同じことができないくらい、作業量が多い場合

あまりに作業量が多ければ、人間でも簡単なミスをします。そのため、膨大な作業をこなす場合は、ミスがある程度織り込み済みなことも多いのです。たとえば、監視カメラの画像を解析して不審者を発見するなどのサービスが挙げられます。映像を人間が常に監視しづける場合、見落としが一切ないことはありえないでしょう。こういったケースであれば、ＡＩが多少ミスをする

ことは許容できます。ミスがあったとしても、作業量が多いため、ミスの影響は相対的に薄くなります。つまり収益性で見れば、ミスをすることによるリスクよりも、膨大な作業量をこなせるメリットの方が上回るわけです。

利用者がその間違いを織り込んで使ってくれる場合

これは利用者が、ミスを織り込んだ上で使うケースです。たとえば、自動翻訳AIなどが挙げられます。翻訳文が少しくらいおかしくても、人間はおおむね理解することができるため、特に大きな問題にはなりにくいのです。

1章のチャットボットの例で説明した、電話予約を自動で行うサービスであるＤｕｐｌｅｘは、自分がＡＩだと名乗るようにすると説明されています。これには、店舗側に「自分はＡＩだからミスしている可能性があるよ」と伝えることで、配慮を促しているという面もあります。

Ｄｕｐｌｅｘのサービスが拡大すれば、新たな利用者が増える可能性も高くなるでしょうから、Ｄｕｐｌｅｘに配慮することは店舗側にもメリットがある話です。したがって、店舗側も「Ｄｕｐｌｅｘが回答しやすい質問の仕方」をするなどして、Ｄｕｐｌｅｘにとってよりスムーズに電話応対ができるような協力もしてくれると考えられます。このようにＡＩが有効に活用されやすいサービス体系を考えることも、ビジネスでＡＩを活用する上では重要となってきます。

データサイエンティストの重要性

近年ではＡＩに関するさまざまなソフトウェア（ツール）が無料で利用できるようになり、猫も杓子もＡＩを使うことができるようになりました。ディープラーニングも、少し勉強すれば誰でも使えるようになります。しかし、それでビジネスで成立するＡＩを作れるとは限りません。

ここでいう「ディープラーニングを使える」というのは、あくまでＡＩツールを動かすことができるという意味合いです。そこで、この段階の人をＡＩツールオペレータと表現することにしましょう。ＡＩツールオペレータは、課題や正解を与えてもらえればＡＩを作成できます。

しかし、ビジネスで成立するＡＩを作るためには、どんな課題を解くべきなのか、どう正解を定めるのか、どういうＡＩの枠組みを使うのか、という問題集を作るまでの部分や、作ったＡＩをどう活用していくのか、人との連携をどう整備していくのかという、ＡＩを作った後の部分の方がはるかに重要なのです。

ＡＩに関係する、近年注目されている職業として、データサイエンティストという職種があります。この職種は統計学などの学術知識、ビジネス知識、コンピュータによるデータ処理技術知識、果てはコミュニケーション能力といった多岐にわたる知識や能力をもつ人材を指します。ＡＩ化が進む現在において育成が必要な人材とされています。

データサイエンティストは、簡潔に表現すると「AIの仕組みや特性を把握し、かつビジネスの要点を理解して、ビジネスでのAI活用を検討・実現できる人材」といえるでしょう。つまり、（学術知識によって）AIの特性を正しく理解した上で、（ビジネス知識を駆使して）ビジネスで生かせるということです。AIブームの影響もあり、さまざまな企業でAIの導入を検討することが多くなりました。しかし、どんなAIを導入するべきかを、具体的にイメージできていることは決して多くありません。誰かが課題やその正解、導入するAIの活用方法などを設計して、AIの導入イメージを形にしていく必要があります。

AIツールオペレータは、問題集が用意できていればAIを作ることができますが、課題すら具体的にイメージできていない状況では何もできません。ビジネスが抱える課題をコミュニケーションで引き出し、ビジネスに活かせる形でAIを形にできなければ、ビジネスでのAI化は進んでいきません。そのために、データサイエンティストという人材が求められているのだと考えられます。

ビジネスでの活用事例

ここまでで、ビジネスでAIを成立させる上でどのようなことが必要なのかについて説明してきました。総括すると、以下のように集約されるでしょう。

・課題や正解を正しく捉えて、適切なＡＩを設計・作成する
・以下の点に注意して、ビジネスとして成立するＡＩ設計や運用を考える
　◇収益性が確保できるようにする
　◇人との連携がしやすい形にする
　◇利用する人の理解が得られるようにする

以降では、筆者の会社、テンソル社で手掛けた事例を参照することで、どうやってこれらのポイントに対処しているのかを説明してみたいと思います（ただし、クライアントとの契約の上で実施されているという関係上、内容について詳細に触れることはできませんが、ビジネスでのＡＩ活用を理解する助けとなれば幸いです）。

ニュースランキング生成

ＬＩＮＥは今、日本でもっとも広く使われているコミュニケーションツールでしょう。みなさんも一度は触れたことがあるかと思います。その運営を行っているＬＩＮＥ株式会社が提供しているサービスの一つに、ＬＩＮＥ　ＮＥＷＳがあります。これは主要ニュースからエンタメまで、

さまざまなニュースを手軽に読めるというサービスです。
そこで提供されているメニューの一つに、話題のランキング表示というものがあります。これは、日々生まれているニュースの中で、現在話題となっている内容をランキングで表示してくれるサービスです。これを見れば、今話題になっていることが何なのかを素早く網羅的に確認でき、かつ興味ある話題はより深く知ることができます。

さて、このランキングはどう作ればいいでしょうか？ シンプルに考えると、「利用者によく閲覧されている順にランキングをすればいい」と思うでしょう。しかし、話はそう簡単ではありません。そもそも、今回の目標はなんでしょうか？ それは「利用者に今、話題となっていることを知ってもらう」ことだと考えられます。では「今、話題となっている」とはどういうことでしょうか？ これを「よく閲覧されている」と解釈してもよいのでしょうか。

たとえば、エンターテイメントの記事とゲームの記事があったとします。エンターテイメントはきわめて幅広い層が関心を持ちますが、ゲームに関心を持つ層はそれほど多くありません。そのため、「話題になっている」と評判だったとしても、それぞれのジャンルで閲覧される数は大きく違います。エンターテイメントの方が圧倒的に幅広いので、閲覧される数も多くなるわけです。

もし「よく閲覧されている」ことを正解としてAIを作ってしまうと、ランキングの上位ほとんどをエンターテイメントが占めてしまいます。エンターテイメントの記事の中でみたら大して話題になっていなくても、ゲームでとても話題になっている記事よりも閲覧されている、ということは珍しくないのです。こうすると結果的には、エンターテイメントの話だけを列挙したランキングになってしまいます。

これを解決するためには、たとえば正解を「各ジャンルでの平均的な閲覧数と比べて、よく閲覧されている順に表示する」という形に変えなくてはなりません（ここでは分かりやすい例で示しましたが、実際にはもっと複雑な正解設計が必要になってきます）。つまりこれは、「正解を適切に設計する」ということです。

ＡＩは「目標設計：何が正解かを定める力」が欠けているため、これをＡＩに自動で考えさせることはできません。このサービスで目指すべき正解は何かについて、そしてその正解を自然な形で実現する方法について、ＡＩ設計者が頭をひねらなくてはならないのです。

テンソル社が、ＬＩＮＥ株式会社と一緒にこのランキング作成をした際には、このほかにもさまざまな要望がありましたが、それらの要望に合わせた正解を、データ分析も駆使しつつ作り上げていきます（もちろん、その正解を実現するＡＩも設計しています）。

このケースではまず、「正解が何か」を定めなくてはならないため、教師あり学習や強化学習のように、「正解」が決められていて初めて動かせる枠組みをいきなり使うことはできません。

実際のビジネスでは、こういった「正解を設計したい」という要望も少なからず存在するのです。

クレジットカードでの適切な枠設定

テンソル社では、与信判断のＡＩ作成を多く手掛けています。具体的には、クレジットカードを発行してよいかを判断するＡＩや、クレジットカードにつけるショッピング枠などを自動で設定するＡＩなどを設計しています。ショッピング枠とは、利用者がクレジットカードを使って買い物をする際に、いくらまでなら直接現金で支払わずに買い物ができるかを指します。

このショッピング枠をいくらに設定するかを決めるにはいろいろな方法があるのですが、これまで、納得感のある設定方法は存在しませんでした。利用が多く見込めそうな人には高めに設定する、といったことはされていたのですが、具体的にどのくらいに設定すればいいのかについては、多くの場合、過去の経験則に頼っていたのです。

ではなぜ、納得感のあるショッピング枠設定ができていなかったのでしょうか？　その一因として、課題を正しく捉えていなかったことが挙げられると考えています。「納得感のある最適なショッピング枠」というあいまいな言葉では、具体的にどうすればいいのかが摑めないわけです。

では、納得感のあるショッピング枠設定をするためには、どうすればいいでしょうか？　納得感のある「課題」を設計すればよいのです。そこで、私たちは「利用者が日々の生活の中で、たくさん買い物をしなければならないときに、クレジットカードで支払えない、ということを（クレジットカード会社側が許容できる範囲内で）なくしたい」ということを「課題」として設計しました。

このような、より具体的で適切な課題に捉えなおしたことで、どういう「正解」が適しているのかが分かりやすくなります。この課題設定は、言われてしまえばその通りだと思えるものです。それは納得感があるということの裏返しでもあります。漠然とした状態から、こうした明確な課題へと落とすということがとても重要な作業なのです。

テンソル社は、こうして定めた課題から「正解」を設計して、納得感のあるショッピング枠の設定方法を考案し、特許化しました。この技術は、平成27、28年に百貨店業界売上高1位となっている、三越伊勢丹グループの株式会社エムアイカードで導入しました。その結果、既存の顧客の売り上げが約1％向上し、新規に申し込みをした方では、その後一年間の売り上げが約6％も向上するという結果が得られました。ショッピング枠の設定の仕方を調整しただけでこれだけの売り上げ増を実現したことは、とても高い成果であるという高評価を得ています。

偽造免許証検知

近年はネット社会の恩恵で、インターネットからなんでも注文できるようになってきました。最近では、銀行口座開設や携帯電話購入などをインターネットで契約することもできます。一方で、こうした便利さの裏を犯罪グループが狙って、本人の知らぬ間に契約を結んでしまう、といった犯罪も増えてきています。

インターネットで契約を結ぶ際には、本人を確認できる書類の提示が求められます。もっともよく使われるのが免許証です。つまり、免許証を偽造してしまえば、本人に成り済まして契約したり、存在しない人間をでっちあげて契約したりすることもできうるのです。

しかし、いかにうまく偽造したとしても、まったく不自然さが見られない偽造をするのは容易ではありません。人の目からみれば、どうしても不自然にみえる点が出てくるのです。そのため現在では、免許証を撮った写真を人が一枚一枚確認し、不自然な部分がないかをチェックして、偽造を見抜いています。

しかし、それも枚数が多くなればままならなくなります。インターネットでいろいろな契約ができるという利便性はどんどん広がっていくでしょうから、一日何千枚もの免許証を確認しなければならない、ということも起こりえます。これをじっくり人の目でやろうとすると大変です。免許証偽造を見抜くのは誰でも簡単にできるわけではありません。熟練者を揃えて時間をかけなければならないわけですから、人件費も多くかかってしまうでしょう。

そこで、インターネットの利便性に着目し、あるネット銀行とで、偽造免許証を見抜く技術開発に着手しました。その銀行では、すでに偽造免許証での申し込みを防ぐ仕組み作りを行っているのですが、さらにその効果を高めるべく、この技術開発に取り組みました。

この技術にはディープラーニングを使っています。ディープラーニングはそもそも画像系で効果を発揮した方法なので、免許証偽造検知には効果的です。特に、ＡＩは人間と理解の仕方が違うため、逆に人間の目には分からないわずかな痕跡も捉えられると考えられます。科学捜査が発展して人間では見つけられなかった犯人の痕跡がたどれるようになったのと同じように、高い性能をもつディープラーニングであれば、人にはできない偽造検知ができるのではないか、というわけです。

しかし、こうして適したＡＩを設計できたとしても、ビジネスで成立させる場合、それだけでは足りないということを思い出してください。たとえば、収益性の重要な柱である「判断を間違えるリスク」をどう扱うかを考えなければなりません。特にディープラーニングは「人には理解できない」という難点があるため、なぜ偽造と判定されたかは分かりません。この点をカバーする方法を考えなければ、うまくビジネスとして成立していきません。

まず、「判断を間違えるリスク」については、ミスがないように人がチェックすることで対応する想定としています。そもそも、免許証の確認は人が目で行わなくてはならないという法的な制約が存在しているとのことで、ＡＩがあろうとなかろうと、人がすべてをチェックする体制にしなくてはならないわけです。そうはいっても、すべてのチェックにおいて熟練者をあてがって確認するのは大変です。大半の人たちは偽造していないわけですから、あらゆる免許証を全力でチェックするのはよい方法とは言えません。

そこで、偽造免許証検知ＡＩで事前チェックを行い、明らかに偽造ではないとＡＩが判断した際には、熟練者以外の人にチェックしてもらいます。そうすることで、熟練者は危険性が高い免許証に注力できるわけです。

もう一点の「人には理解できない」というデメリットはどうでしょうか？　ＡＩは人には見えない痕跡でも捉えられるので、ＡＩが偽造だといった免許証を、熟練者がいくら見ても理解できない、という可能性もありえます。この場合、偽造と判断した根拠が理解できないまま、顧客の申し込みを断らなくてはならないかもしれません。それは顧客からのクレームにもつながりうるので、ビジネス的にはあまり採用したくないでしょう。では、どうすればいいでしょうか？

今回の場合は、他の申込書類を精査したり、本人に直接電話したりするなどして情報を細かく確認し、他の点で不自然なところがないかを調べればいいのです。

免許証はあくまで一つの情報であり、これだけですべてを判断しなければいけないわけではありません。免許証確認だけに多大な時間を費やすよりも、他の確認に時間を割り振った方が、結果的に犯罪を抑止することにつながります。つまり、このケースにおいて「なぜ偽造と判定されたかを理解できる」ことは、必須ではないのです。だからこそ、ディープラーニングのような人に理解できない手法を使っても、ビジネスとして成立しうるのです。

加盟店審査ＡＩ

先ほどクレジットカードの話を取り上げましたが、クレジットカードはどの店舗でも使えるわけではありません。クレジットカード会社等と契約を結んでいる店舗でだけ使用できるのです。契約を結んだ店舗のことを加盟店と言います。

加盟店は、いわばクレジットカード会社がお墨付きを与えた店舗ということになるので、その店舗で犯罪まがいの事態が発生すれば、クレジットカードの信用失墜につながります。そのため、クレジットカード会社は加盟店を逐一審査しています。加盟店の契約を結ぶときだけでなく、結んだ後も継続的に審査し続けているのです。

一方で、加盟店の行動が明確に犯罪だと分かればいいのですが、ものによっては犯罪だと断定することが難しいケースもあります。不当な金額の請求がその一例です。「ビール1本で20万円」といったように、法外な料金を請求することは、すべてが犯罪として取り締まれるわけではありません。罪名としては詐欺罪などが当てはまるのですが、相手が騙す意思を持っていたことを証明しなければならないなど、詐欺罪での立件には壁があるのです。

そのため、審査の網をくぐりぬけてしまっているケースも少数ですが存在します。クレジットカード会社としては、そういったケースを撲滅し、顧客に安心してクレジットカードを利用してもらえるようにしたいと考えているわけです。

そこで、世界に1億1000万人以上の会員を抱え、約3000万店の加盟店を持つ日本の大手クレジットカード会社である株式会社ジェーシービーの依頼を受け、各加盟店でのクレジットカード利用状況を分析し、不当な金額の請求を行っている加盟店を発見するというAIを開発しました。これにより、膨大にある加盟店の中から、危険な加盟店を自動的に発見することができるようになったのです。

これをビジネスとして成立させる上で特に重要だったのは、「利用する人の理解が得られるようにする」ことでした。不当な金額の請求をしている店舗には、加盟店から外れてもらう必要があります。しかし、不当な金額の請求をしているという疑いをかけた際に、そう言えるだけの根拠がなければ、逆に加盟店からのクレームへと発展しかねません。刑事事件として告発できればいいのですが、先に述べた通り、必ず犯罪として立件できるわけではないのです。

こうした事情から、人に理解ができないディープラーニングなどの方法は使うことができません。そこで、予測系AIで用いられているような、人が理解できる形でのAI化を行いました。こうすることで、AIが不当な金額の請求を判別した際に、どういった根拠でそう判断したかが分かります。さらにそれが人にとって納得感のある要素となるように設計することで、妥当性のある理由で加盟店への調査を行うことができるようになります。

これは、「AIが判断を間違えるリスク」を軽減することにもつながります。そもそも「AIが判断を間違えるリスク」は、人の理解とAIの理解とが異なっていることが大きな要因だと説明しました。人が理解できる基準になっているということは、間違え方も人と同じになっているということです。

嫌疑がかけられても仕方のない状況であれば、疑いをかけても強いマイナスにはなりません。あなたがサングラスとマスクをかけて目深に帽子をかぶり、そわそわしながらあたりをしきりに見回すという、あまりに不審者じみた行動をしていたのに警備員に呼び止められなかったら、むしろその警備員は本当に大丈夫なのか、と思うでしょう。疑うべきときに疑うことは、（わずらわしさからくる不快感はあるでしょうが）むしろ信頼の醸成につながるわけです。

数ある取り組みの中の一つとして、このＡＩは現在もジェーシービーで活用されており、怪しい加盟店を見つけ出し、是正指導を行うなどして、顧客が安心してクレジットカードを利用できる環境を作り上げています。

嗜好性レコメンドエンジン

先ほど、レコメンドエンジンのお話をしました。振り返っておきますと、レコメンドエンジンとは、顧客に推薦したい商品を選び出すＡＩのことでした。

テンソル社でもレコメンドエンジンをいくつか開発しています。その中で、「人との連携がしやすい形にする」ことを狙いとして開発した、嗜好性レコメンドエンジンというものがあります。このレコメンドエンジンは、日本最大級のポータルサイトとの取り組みの中で構築されました。

レコメンドエンジンは多くの場合、「この人にこの商品を推薦する」という情報しか答えてくれません。どうしてその商品を推薦した方がいいとＡＩが考えたのか、それは人にはうまく理解できません。なぜなら、ＡＩの理解の仕方は、人の理解の仕方と違うからです。しかし、人がこのＡＩと連携することを考えた場合、理解の仕方を共有することが必要になります。連携するには、相手のことを理解するのが一番の近道だからです。

そこでレコメンドエンジンを、人にとってもっと理解しやすい形にする方法を考えてみます。まずは、今回のAIが目指す「正解」を決めておきましょう。先ほどの説明の中で、レコメンドエンジンが解きたい課題は「顧客が購入する商品を増やしたい」としていました。この課題を踏まえ、求める正解を「顧客の趣味嗜好にあった商品を推薦する」とおくことにしてみましょう。

この正解が、本当に「顧客が購入する商品を増やしたい」につながるのか、というのは先ほども触れたとおり難しい問題です。そこで、よりシンプルなサブゴール、「人の趣味嗜好を捉えたい」という課題へとターゲットを変えて、こちらを解決することを考えてみます。このサブゴールを解決できれば、レコメンドエンジンへと活かして、当初の課題「顧客が購入する商品を増やしたい」の解決へとつなげられるようになるでしょう。さらには、他の課題への活用を検討できるようにもなります。

しかし、どういうふうに趣味嗜好を捉えればいいのでしょうか。その際、なにより大切なことは、その結果が人にとって理解しやすい形になっていることです。人が理解しやすいのは、なんといっても「言葉」でしょう。たとえば、誰かの趣味嗜好が「スポーツ」「オリンピック」「世界選手権」「甲子園」「サッカー」「Jリーグ」「メジャーリーグ」「プロ野球」などというように、「言葉」のリストで表現されていれば、なんとなくその人がスポーツ観戦全般、あえて言えば野球とサッカー系が好きなのかな、ということが見えてきます。

この考え方に基づいて、その人が閲覧したり購入したりした情報から、その人の趣味嗜好を表す「言葉」のリストを推定する、という機能を開発しました。これにより、その人の趣味嗜好が、人に分かりやすい形で捉えることができるようになったのです。

この技術は、他の課題への活用もできます。たとえば、スポーツ観戦のチケット購入がお得になるキャンペーンを企画する際、スポーツ観戦が好きそうな顧客を、キャンペーン企画者が見つけて対象者に選ぶこともできます。顧客の趣味嗜好が人にも理解しやすくなったことで、新しいサービスを生み出す際にも「人との連携がしやすい形」になっているわけです。

もちろん当初の想定通り、この機能をレコメンドエンジンに活用することもできます。実際にこの機能を搭載した嗜好性レコメンドエンジンを使うと、人間が推薦商品を選ぶ場合と比べて、2・5倍も購買されるようになったという高い成果が得られています。

コラム

人間の優れた技能

2章で、AIが知性を持つ上で必要となる四つの要素を定めました。そして、その大半が十分な形で実現できていないため、人間の知性には及んでいないと述べました。一方で、他の本や研究などでも、AIに勝る人間の能力についていろいろと述べられています。たとえば、創造力、判断力、直観力などです。

では、この本で示した知性の4要素と、他で語られるAIに勝る人間の能力との関係はどうなっているのでしょうか。基本的に、両者は深く関係していると思っています。そこで、その関係性について、知性の4要素をベースにして少し整理してみましょう。

「動機：解決すべき課題を定める力」

課題を定める力は、発想や着眼点を見出す力、とも解釈できます。そのため、「発想力」「創造力」などが近い表現といえるでしょう。また、だれも気付かなかった新しい課題を見出し、新しいサービスを生み出していく上でも必要とされるでしょうから、「企画力」なども関わっていると考えられます。

「目標設計：何が正解かを定める力」

何が正解かを定める力は、そもそも何を目指すべきかを見極める力と言えます。よって「判断力」が近いでしょう。また、自分なりの捉え方、つまりは評価基準をもつ力とも言えますので、「芸術的能力」「独創力」とも関連すると考えられます。さらに、正しく判断するためには他者の価値基準を理解することも求められます。よって、他者の状況を推察する「想像力」「他者に対する洞察力」や、他者の価値基準を考慮することで発揮される技能（「交渉力」「説得力」「他者へのサポート能力」）にも強く関連していると考えられます。

「思考集中：考えるべきことを捉える力」

考えるべきことを捉える力は、数ある選択肢の中から必要なものを素早く絞り込める力です。よって、「直観力」がいちばん近いのではないかと考えられます。

絞り込む手段としては、論理的な考え方が効果的です。よって、「論理的思考力」「分析的思考力」なども関わってきます。また、逆に常識で絞り込みすぎないようにする、という観点もあります。この点からみれば、「水平思考力（既成の枠にとらわれずに考える能力）」にも関わっていると考えられます。

「発見：正解へとつながる要素を見つける力」

正解へとつながる要素を見つける力とは、絞り込まれた情報を基に、正しく正解を捉える力と言い換えられるでしょう。そのものずばり、という表現ではありませんが、（単純な）「読解力」「分析力」などがここに該当すると考えられます。

ここまで、知性の4要素との関連性で述べてきましたが、4要素に該当しない、AIに勝る人間の能力として、身体能力に関わる技能があります。具体的には、「手先の器用さ」「手先の素早さ」「不安定な環境下での作業実施能力」などです。

生物の体と、AIの体とは違います。人間は筋肉と神経によって、優れた動きと優れた触覚を同時に実現しています。この機能があるからこそ、器用に手先を動かしたり、触覚の情報を頼りにして繊細に触れたりできるわけです。

いかに人間といえども、ろくに指が動かない質の低い義手で卵を割らずにつまみあげろ、と言われても難しいでしょう。それは知性が問題なのではなく、身体が問題なわけです。よって、知性の4要素の中には、これらの技能に該当するものはありません。つまり、知性だけでなく身体においても、人間とAI（正確にはAIが搭載されるロボット）との間に、まだ隔たりはあると考えられます。

5章 未来

最後の章は、未来に向けての話で締めくくりたいと思います。未来はどうなるか誰にも分かりません。しかし、大発見でもない限り、万能なＡＩが誕生するのはまだまだ先でしょう。ディープラーニングも、ＡＩ研究者からすればこれまでの積み重ねの先に到達した結果であり、突拍子もない大発見ではありません。

しかし、ＡＩが今後の主要な研究になることは間違いないでしょう。その過程で、これまで別個に行われていたさまざまな研究が、ＡＩ研究へと集まってきます。すでに物理学はＡＩ研究に活用されていて、物理学者もＡＩ研究へと参画してきています。新たな分野から集められた知見が、ＡＩを加速度的に進化させる可能性も否定できません。本章では、その流れの一端について触れることで、遠い将来の展開を考える手がかりとしてみます。

また、人間はどう生きていくべきか、新しい世代はどんな力を身につけるべきかについても考えてみます。まだ先の話だとはいっても、徐々に人間の仕事はＡＩに置き換わっていくでしょう。人間を働くことから解放することがＡＩ導入の目的であるとはいっても、その過程で仕事を失って困る人が出てくるのは避けられないでしょう。では、どうすればいいのでしょうか。その答えは、ＡＩが苦手な部分を補えるようになることです。そこで、ＡＩが苦手な部分をもう一度見つめなおし、人間にしかできない役割を果たす上で必要なことを考えてみます。

そして最後に、ＡＩが人間を超えた未来について考えてみます。そもそもそれはいつ頃くるのでしょうか？　その答えに一番近いのは、ＡＩを生み出しているＡＩ研究者でしょう。そこで、ＡＩ研究者が未来をどう考えているのかという研究結果を紹介し、未来を知る足掛かりとしてみます。また、ＡＩが人間を超えたときに、人間とＡＩが迎える未来について想像してみたいと思います。

ＡＩ分野以外の動向

前章までで触れたとおり、いまだＡＩは知性を獲得できていませんし、近い将来に獲得できることはないでしょう。ただしそれは、新しい技術革新が現れなければ、という話です。もしかしたら、別の分野からの新しい知識が、強いＡＩの達成を近づけるかもしれません。本節では、Ａ

Iに影響を与えそうな分野での動向について簡単に紹介し、その可能性について触れてみます。

脳科学

AIに人間の知性を持たせるもっとも単純な方法は、人間の脳をそっくりそのまま、まねしてしまうことです。ディープラーニングは人間の脳内にあるニューロンをヒントにして作られていますが、厳密にまねているわけではありません。もし、きちんとまねができたら、人間の知性が実現できるかもしれません。もちろん、これは簡単ではありません。しかし、脳科学が進展したことにより、次第に現実味を帯びてきた方法でもあるのです。

脳科学の力を借りて、脳の構造をまねてAIを作るという方法には、大別して二つの考え方があります。一つ目は、脳を器官ごとに分けて、それぞれの機能を実現するAIを作った上で、それらをくっつける、つまり統合する仕組みを作りあげるというものです。これは「全脳アーキテクチャ」と呼ばれています。

二つ目は、脳の構造をそのままコンピュータ内に作り上げてしまおう、という考え方です。脳は基本的にニューロンのつながりで構成されています。そのつながりをそっくりそのままコンピュータ上で再現しよう、というわけです。この方式は、「全脳エミュレーション」と呼ばれています。

「全脳エミュレーション」は、すでにC・エレガンスという線虫の脳で実現されています。この線虫は約1000個という少ない細胞をもつ生物なのですが、神経や筋肉、腸など、動物の基本的な構造をすべて持っています。そのため、早くから研究対象として用いられてきました。

実際に、ロボットにこの線虫の脳を搭載するという実験も行われています。[26] 人間ではまだ実現されていませんが、「全脳エミュレーション」に本気で取り組んでいる企業も存在します。たとえばIBMは、Blue Brainというプロジェクトを立ち上げており、人間の脳の構築を目指しています。

「全脳アーキテクチャ」「全脳エミュレーション」のいずれの方式にせよ、人間の脳の仕組みや構造が明らかになっていることが重要です。脳科学の発展によって、脳の仕組みが明らかになってくれば、これらの技術によってAIに知性が誕生する可能性は十分にあるでしょう。

しかし、現時点では脳の仕組みがすべて明らかになってはいません。そのため、現時点で分かっている情報だけで脳を表現しても、人間の仕事を置き換えられるほどの知性が生まれる見込みは低いと考えるのが妥当でしょう。仮に作ることができたとしても、なんらかの欠陥がありそうだと考える方が自然です。そして脳の仕組みが明確でない以上、その欠陥を修正することが容易でないことも想像に難くありません。

では、脳の仕組みは明らかにできないのでしょうか？　すでに「全脳エミュレーション」を実現しているC・エレガンスという線虫は、302個のニューロンしか持っていません。一方で、人間のニューロンの数は1000億を超えます。さらに、1個のニューロンは周囲にある約1万個のニューロンとつながっているといわれています。つまり、つながり方の総数は1000億×1万＝約1000兆個にも及ぶのです。これを調べ尽くすのは、気の遠くなるような話です。

もちろん、最近の脳科学の発展もまた目覚ましく、ニューロンのつながりだけでなく、記憶の仕組みや時間・空間の捉え方など、いろいろなことが判明してきています[27]。しかしこれは、遺伝子の組み替えによって、実験に適した脳を持つ生物を生み出す技術が発展したことが大きいのです。この技術はマウスなどに用いられていて、その結果が医療などへと活かされています。だからといって、これを人間に対して行うことが倫理的に難しいのはいうまでもないでしょう。

現状ではおもに、高い知性を持たない生物の脳のしくみが明らかになってきている段階であり、人間の脳のしくみはそれほど明らかにできていないのです。脳の測定技術が飛躍的に進歩しない限り、近い将来に人間の脳をまねして、知性を実現できる見込みは薄いと考える方が現実的でしょう。

量子コンピュータ

近年、注目を集めている分野として、量子コンピュータがあります。AIのために開発されているわけではありませんが、AIの分野で多大な成果を挙げられるのではないかと期待されています。

一口に量子コンピュータといってもいくつか種類があり、それぞれで特性があります。ここは未来の話を語る場所ですので、より理想的な方式とされている量子ゲート方式について触れていきましょう。しかし、量子コンピュータの仕組みはとても複雑で理解することは困難です。よって、ここではあくまで要点だけをお話していきます。

量子コンピュータは、今までのコンピュータとは方式が違う、コンピュータの新しい形です。その作りからして、まったく異なっています。そのため、従来のコンピュータにはできなかった高性能な計算ができると考えられています。

量子コンピュータは、「量子の重ね合わせ」という特殊な性質を使っています。従来のコンピュータは選択肢が複数ある場合、それぞれを一つひとつ順番に調べることしかできませんでした。しかし量子コンピュータは、「量子の重ね合わせ」を使うことで、複数の選択肢を同時に調べることが可能なのです。つまり、「思考集中：考えるべきことを捉える力」を使ってわざわざ選択肢を絞らなくても、多くの選択肢を同時に調べることができるのではないか、というわけです。

現在、ＩＢＭやグーグルといった企業が実現に乗り出しています。現時点では、まだ従来のコンピュータの性能を超える域には達していませんが、そう遠くない未来に超えるのではないかと考えられています。

非常に夢のある技術なのですが、実際にはいろいろな課題を抱えています。まずそもそも、量子コンピュータはどんな課題でも高速に解けるわけではありません。ある限られた範囲で高速に解けるというだけで、すべてを一瞬で解いてくれる魔法の杖ではないのです。

　また、「量子の重ね合わせ」には時間制限があります。特殊な技術を使って「量子の重ね合わせ」という不思議な状態を作り上げるのですが、この状態を長時間継続することは難しいのです。2017年に、IBMの量子コンピュータが、平均で0・00009秒間だけ「量子の重ね合わせ」を保つことができると発表しています。つまりこの時間内で、選択肢を調べなくてはならないのです。

「一度にできないなら、少しずつ計算すればいいのでは？」と思われる方もいるでしょう。残念ながら、少しずつ計算するという方法はまだ確立できていないのです。こういった問題点があるため、現実の問題において本当にあらゆる選択肢を調べつくせるかがはっきりとしないのです。つまり、まだまだこれからの技術である、というわけです。

　仮に、あらゆる選択肢を同時に調べることができるようになったとしても、知性の4要素のうち「思考集中：考えるべきことを捉える力」を解決できたにすぎません。より重要な、「動機：解決すべき課題を定める力」「目標設計：何が正解かを定める力」の解決が実現できるわけではありませんので、強いAIの達成へと大きく近づける要素は、まだ生まれてこないだろうと考えられます。

ＡＩに仕事を奪われないためには

総括すると、急激な技術革新を生んで強いＡＩを達成させる要素はまだなさそうです。しかし、着実に技術発展は進んでいくでしょうから、ＡＩが次第に人間にとって代わる範囲を広げていくことは間違いありません。

ＡＩはあくまで人間を助けるために生み出されたものであって、敵ではありません。しかし、うまくＡＩと付き合うことができず、ＡＩに仕事を追われる人が出てくる可能性はあります。そうならないためには、お互いが苦手とすることを補い合う、つまり「ＡＩが苦手とする部分を補うことで、ＡＩと人間とがうまく共同作業して生産性を高めていく」ことが重要でしょう。

よって人間に求められるのは、ＡＩが苦手とする「動機：解決すべき課題を定める力」「目標設計：何が正解かを定める力」「思考集中：考えるべきことを捉える力」の三点だといえます。これらをもう一度洗い出すことで、人間に求められることを見つめなおしていきたいと思います。より具体的にイメージできるようにするために、少し方向性を狭めて、以下のポイントを押さえて考えてみます。

・ビジネス的な観点から、人間に求められることを考える

・ビジネスにまつわる格言や考え方を引き合いに出すことで、より具体化する

まず、仕事を奪われないようにするという切り口なのですから、ビジネス的な観点に絞って考えていきます。さらに、ビジネスにまつわる格言や考え方と紐づけて考えてみます。ビジネスでは多くの場合、協力しあうことが求められます。そのため、ＡＩと人間とが協力する上で必要な要素もまた、すでにビジネスシーンにおいて必要だと叫ばれている可能性が高いでしょう。

つまり、ビジネスにまつわる格言や考え方の中に、ＡＩ時代に求められる力のヒントが眠っているのではないかというわけです。もちろん、本書はビジネスの自己啓発本ではありませんので、それらを深く掘り下げはしません。あくまで、ＡＩ時代に求められる力を紐解く一助として触れていきたいと思います。

「動機：解決すべき課題を定める力」

ビジネスにおける課題は掃いて捨てるほどあります。既存ビジネスの促進、新規ビジネスの開拓、人材育成、人材確保、業務効率化、顧客満足度向上など、すべてを解決できるのが理想ですが、長い年月がかかるでしょう。日々変化していく経済の中で、どの課題を優先して解決すべきかを判断することは重要です。

課題を定めるための事前調査など、部分的にはＡＩ化が進んでいくでしょうが、どんな情報を

集めるべきか[注18]、集めた情報を基に何を課題と定めるか、という部分は「動機：解決すべき課題を定める力」を必要とします。よって、人間が担わなければならない役割として当分は残るでしょう。

ビジネスではおもに、「収益を上げる」ことがメインに掲げられます。しかし、「顧客を満足させる」「社会に貢献する」など、他の課題も存在します。「収益を上げる」ことだけを考えればいい、という単純なものではありません。

また、掲げた課題の解決に至る道筋は大量に存在します。そのすべてを網羅的に検討・実施することは不可能です。そのため、どのようなサブゴールを設定して課題解決に至るべきか、という戦略的な計画（プランニング）も必要になってきます。こういった中長期的なプランニングもAIは苦手です。なぜなら前述の通り、サブゴールを定める際にも「動機：解決すべき課題を定める力」が必要になるからです。

◎「解決すべき課題を定める力」が重要な理由

ビジネスで、「動機：解決すべき課題を定める力」が重要なことは古くから指摘されています。格言から、その重要性を紐解いてみましょう。現代経営学の発明者であるピーター・ドラッカー氏の有名な言葉にこのようなものがあります（『現代の経営（下）』、ダイヤモンド社）。

「重要なことは、正しい答えを見つけることではない。正しい問いを探すことである。間違った問いに対する正しい答えほど、危険とはいえないまでも役に立たないものはない」

何を問うべきだったのか、何を解決すべきだったのかということを間違えてしまったら、解決できても何の役にも立たない、ということです。これを、自動運転の例で考えてみましょう。自動運転で重要なのは、なんといっても人を轢かないようにすることでしょう。人がまったく動かないならいいのですが、歩いたり走ったりするでしょうから、その動きを考慮しなければなりません。

さて、動いている人を轢かないようにするために、解決すべき課題はなんでしょうか？　何を実現すれば、自動運転をさらに安全にできるでしょうか？　これに対し、「動いている人の動きを高い精度で予測したい」という課題を掲げたとしたら、それは正しい問いとは言えません。人の動きを100％当てられるならいいのですが、それは不可能です。予測結果を信じて車を動かしたときに、予測が外れてしまったら人命に直結する大事故につながりえます。

そもそも人間は運転しているとき、人の動きを正確に予測してはいないでしょう。おそらく、「人が自分の車の前方に移動してくる可能性はないか」を推測していると考えられます。気を付けなければいけないのは、人が車の動線上に入ってきて、轢いてしまう可能性だけだからです。

つまり、「動いている人の動きを高い精度で予測したい」ではなく、「(動いている)人が移動しうる範囲を予測したい」ということが課題なのです。

もし、「動いている人の動きを高い精度で予測したい」という間違った課題を立てて、「動いている人の動きを高い精度で予測するＡＩ」を開発してしまった場合、「間違った問いに対する正しい答え」を得たことになります。すると、その労力は無駄になりますし、これを組み込んで作った自動運転車は、ひょっとしたら「危険な」結果を引き起こすかもしれません。

「動機：解決すべき課題を定める力」は、おもに経営者や経営企画部が必要とする技能でしょう。しかし、一般社員でも経営者目線を持つことが大切だということは盛んに言われています。これは「経営を学べ」という意味よりは、「会社が何を課題として動いているのか、という目線を持て」ということだと思われます。「正しい問い」を捉えることが、いかに重要かがお分かりいただけたのではないかと思います。

◎優れた「解決すべき課題を定める力」を得るためには

では、「動機：解決すべき課題を定める力」を養うためにはどうすればよいのでしょうか。細かい話はビジネスの自己啓発本に譲りますが、ビジネススクールなどでよく扱われる思考方法である、クリティカルシンキングやロジカルシンキングが役立つのではないかと思います。どちらも、「解決すべき課題・論点は何か」を定める「イシューの設定」という作業が重要であると掲げられています。

これらの考え方は、要点をつかむということにも使われます。ビジネスでは、文章を読み解く力よりも、どう伝えるか、という表現力の方が重要とされます。誰も彼もが説明をきっちり読んでくれるとは限りません。日々の業務に追われる中では、読む時間が取れないことも少なくないのです。

そもそも、2章の連想の節で触れた「最初と最後の文字さえあっていれば読めてしまう文章」で分かるように、人間はざっくりと文章を読むことができます。したがって、細かい読み間違いはどうしても起こってしまうのです。これを避けるためには、伝えたい要点をいかに分かりやすくまとめるかが重要となります。つまり、解決すべき課題が何か、つまり「伝えたい要点」は何かという問いをシンプルかつ的確に捉える力が必要なわけです。これを身につけることは、AIを導いていく上でも、きっと役に立つことでしょう。

「目標設計：何が正解かを定める力」

「収益を上げる」といった明確な課題があっても、具体的にどうなることを正解（目標）とするかはいろいろなケースがあります。「収益」という言葉が含むものは、そう単純ではありません。ビジネスは常に動いています。直近だけ売り上げが良くても不十分で、1年後、3年後、5年後といった具合に、それぞれの時点での収益性をどの程度重視するのか、という観点が必要になります。

たとえば5年後の収益の改善を目標として、1年目はそのための投資を行うという選択肢も考えられます。この場合、投資することで1年後の収益が悪化しても、5年後の収益性が良くなるなら万々歳だと評価することになります。

中長期的な観点でみると、顧客満足度も重要です。顧客に満足してもらえるかは、中長期的な収益性に関わってくるからです。さらに、競合他社の動きという要素も重要でしょう。他社に邪魔される可能性も気にしなくてはなりません。

このように、具体的にどういった目標を立てるかという点もビジネスでは求められます。そのためには「何が正解かを定める力」が必要になってきます。

◎「何が正解かを定める力」が重要な理由

「目標設計：何が正解かを定める力」が重要なことは言うまでもないでしょう。何が正解かを定められなければ、間違った方向に頑張り続けてしまいかねません。この力があることで、より少ない労力で課題を解決できるようになるわけです。

これ以外にも重要な理由があります。そもそも「目標設計」とは、二つある結果のどちらを良しとするか、という価値判断をすることとも言えます。優れた価値判断を持つことは、仕事を任せても大きな誤りや問題は引き起こさないだろう、という信頼へとつながります。つまり「目標設計」を高めることは、周囲からの信頼を得ることに強く関係していると考えられます。

価値判断と信頼のつながりを示す事例として、フィアネス・ゲージ氏の事件が参考になるでしょう。ゲージ氏はある日、不慮の事故により、頭部に鉄の棒が突き刺さるという大けがを負いました。一命はとりとめたものの、脳の前頭連合野を損傷してしまったのです。前頭連合野は、計画構成・意思決定・実行判断を司っている部位とされています。つまり、「目標設計」に関わる部位を損傷してしまったのです。

事故以前の彼は勤勉で責任感があり、仕事ができて才能もあると評され、部下にも非常に好かれていました。しかし、事故後の彼は、身体的には十分回復したにも関わらず、復職はさせられないと判断されてしまったのです。

彼の担当となった医師が、事故後の彼について記した文章を抜き出してみましょう（ここでは原文の英語を意訳しています[28]）。

言うなれば、知性的な面と動物的な面との、均衡や釣り合いをとる能力が破壊されていた。彼は気まぐれで、礼儀知らずであった。ときには（以前の彼からは考えられないような）きわめて口汚い言葉で罵り続けたりもした。同僚にもほとんど敬意を示さず、彼の願望に反する束縛や忠告には我慢ができない。

あるときは異常なくらい頑固になったかと思うと、またあるときは気まぐれで移り気になる。将来の活動についていろいろな計画を発案するものの、その準備をしただけですぐにやめてしまい、より現実的な計画に置き換えてしまうのだ。その知性と発言は子供だが、大人の男性の動物的衝動を備えていた。

事故以前の彼は、学校で学んでいたわけではないのに、よく釣り合いのとれた精神をもっていた。彼を知る者は、彼をやり手の賢い仕事人で、活動的であり、企画したあらゆる計画を粘り強く実行する人物だと評していた。

こういった点で、彼の心は根本的に変わっており、彼の友人や知り合いは「彼はもはやゲージではない」と断言するほどであった。

この記述からは、彼の「目標設計」の高さが失われてしまったことがうかがえます。事故以前は敬意を集めるほど、他者に対する配慮も踏まえた「よく釣り合いのとれた」価値判断をもっていました。しかし、事故後は他者を軽視して、自分の感情ばかりを価値判断の材料に使っているようであり、「均衡や釣り合いをとる能力が破壊」された状態であるように見受けられます。この話からも、優れた価値判断が信頼を得ることにつながることがうかがえます。

◎優れた価値判断とは？

ここで疑問となってくるのは、「優れた価値判断」とはどういうものなのか、ということです。これは、端的に言えば「良し悪しの判断」ですので、道徳や倫理といった哲学的な話が絡んできてしまいます。
　そこで本書の枠組みからは外れますが、優れた価値判断とは何かをイメージできるようにするために、少しだけ哲学の領域に触れてみましょう。題材として、ローレンス・コールバーグ氏が提示した「ハインツのジレンマ」という例題を使ってみます。ただし、筆者は哲学者ではありませんので、細かい話は気にせず重要な点を要約して触れたいと思います。まず、「ハインツのジレンマ」について説明しましょう。それは次のような例題です。

　ハインツという男の妻が、死に至る病に侵されていました。ハインツは、病を治せる薬を開発した薬剤師を訪れます。薬剤師は、薬の開発費の十倍でなら売ると言ってくれましたが、ハインツは知り合いを全部頼っても、お金を集められませんでした。ハインツは妻のことを話し、安く売ってくれるように頼みました。半分を後払いにできないかとも頼みました。しかし、薬剤師は取り合ってくれませんでした。最終的にハインツはやけを起こして、薬を盗んでしまったのです。
　あなたはハインツの行動に賛成ですか、反対ですか。その理由も答えて下さい。

　これは、盗みを働いて妻を助けるか、盗みをせず妻を見殺しにするか、二者択一を迫る問題です。しかしこの話で重要なのは、ハインツの行為を良しとするか悪いとするかではありません。

その判断理由をどう考えたか、つまりどういった価値判断をしたかが重要なのです。これは、道徳性の発達、つまり道徳の価値判断の良し悪しを表現するために使われた例題なのです。

コールバーグは、判断の段階を大まかにわけると三段階に分類しています。

1. 自分がいい思いをするか、いやな思いをするかで、自己本位に判断する
・奥さんが助かるのだから、良いことだと思うので賛成する
・結局は警察に捕まる可能性が高いので反対する

2. 世間一般（法やルールなど）からみて許されるかどうかで判断する
・どんなことも、人の命には代えられないので、賛成する
・どうあれ、人のものを盗むのは法的に許されないので反対する

3. 1や2などのさまざまな考え方を踏まえて、自分の信念や良識で判断する
・盗みは許されないが、人の命がかかった状況ではやむを得ない面もある。一方的な被害者である薬剤師のことを考えれば法的な責任を負うべきだとは思うが、それを引き換えにしてでも奥さんの命を大切にした行動には賛成する
・奥さんの命を大切にする気持ちは十分に理解できるが、薬剤師に一方的な被害を与えて助けられたのだと知ったときの奥さんの気持ちも考えるべきだ。愛する人を悲しま

せる選択をやけになって選んだことに対して私は反対する

思い切って端的に要約すると、いかに多くの立場や価値観を踏まえて考えることができるかが重要、といえるでしょう。実際、上記の三つよりも優れた判断として、「みんなが幸せになる方法」を判断基準とする、ケアの倫理という考え方も提唱されています。つまり、優れた価値判断とは、できるだけ多くの立場や価値観を踏まえて判断することだと言えるでしょう。

◎優れた「何が正解かを定める力」を得るためには

それでは、優れた「目標設計：何が正解かを定める力」、つまりは多くの立場や価値判断を踏まえるにはどうすればよいのでしょうか。まずはそれぞれの、特に課題解決に関わる人たちの価値判断を知らなくては始まりません。しかし、人の価値判断を推し量ることは決して容易ではないでしょう。

人間が他者の心の状態や目的、信念や志向などを推測する機能のことを「心の理論」と言います。価値判断は信念や志向とも言えるでしょうから、心の理論の範囲であると言ってもよいでしょう。2章の他者理解の節で触れた研究は、「心の理論」を機械的に実現させるという観点から行われています。この研究では、「その人が見知った事実」を知ることが、他者理解において重要な要素であるとされていました。

筆者の会社では、AIの導入などをする際には、ヒアリング（聞き取り調査）が重要であると考えています。AIの導入を検討している業務に関わる人たちの作業などについて聞き取りをすることで、どんな環境で何を見てどんなふうに仕事を行っているのか、つまり「その人が見知った事実」を知ることで、データからは見えてこないことを想像していくのです。こうした地道な作業が、ビジネスにおける「正解」を捉えるために重要であると考えています。

こうして、他者の価値判断がみえてきたら、次はそれをどう混ぜ合わせるかが課題になります。すべての人が幸せになる判断というのは、現実的には難しいでしょう。結果的にだれかが割を食うことは避けられません。つまり、それぞれの人の意見・価値判断をどれだけ重要視するか、という重みづけが必要になります。

たとえば集中豪雨によって床上浸水などを被った被災者には、さまざまな支援が必要となるでしょう。支援するためには、他の誰かが負担を強いられなければなりません。これはつまり、被災者の意向を、他の人より重要視して混ぜ合わせている、とも言えます。もちろん、重要視の仕方には限度があるでしょう。際限なく誰かに負担をかけられるわけではありません。つまり、その人が許容できる範囲を捉えながら、重要視する度合を考えなくてはならないのです。

重要視する度合を決める際には、掲げている課題を踏まえて考えることも重要です。どの課題のもとで考えているのか、ということをきちんと捉えておかなければ、その課題を解決する適切な価値判断とはなりえません。これは、先ほど触れたクリティカルシンキングやロジカルシンキングでいうところの「イシューを押さえ続ける」に対応していると思われます。

このようなことに注意して優れた価値判断ができれば、AIにできないことを補える、つまりAIとうまく協力し合える存在になっていけると考えられます。

「思考集中：考えるべきことを捉える力」

実際の世界では、考慮すべき情報や選択肢がたくさんあります。しかし、時間は有限です。あらゆる選択肢を調べる余裕はありません。人間は限られた時間の中で、正解へとつながりそうな有望な選択肢に絞って判断しています。

先に述べた「動機」「目標設計」は、まだAIでは実現できてないため、その力を身につければ良いというものでした。しかし、「思考集中：考えるべきことを捉える力」は、すでにAIが身につけてきているため、AIができる範囲を見極めて、差別化を図らなくてはなりません。

AIは質より量で「思考集中」を実現していました。つまり、質のよい厳選した選択肢の絞り込みができない代わりに、コンピュータの高速性を生かして量を調べることで、人間に匹敵する性能を実現していたわけです。選択肢の幅が狭い、つまり考えるべきことがそもそも少ない範囲であれば、いずれAIが人間を超えていくでしょう。3章でのチャットボットの話でも触れましたが、電話予約のように限られた範囲であれば、人間と変わらない性能をAIは発揮できるのです。

一方で、自由にあらゆる会話をするのは、ＡＩにとって難しいことです。したがって、検討する選択肢の幅を広くとった上で、質の高い絞り込みで「思考集中」することが、ＡＩとの差別化を図る上で重要といえるでしょう。

◎選択肢の幅を広げるためには

選択肢の幅を広げるためには、何かに特化して学ぶのではなく、あらゆる範囲に理解を広げ、一見関係なさそうな分野の知識ですらも選択肢として活用できることが必要となります。ＡＩ開発に関係する職業として、データサイエンティストという職種があることを前にお話ししました。この職種は学術知識、ビジネス知識、データ処理技術知識、コミュニケーション能力といった多岐にわたる知識や能力を必要とされています。それは、決して容易なことではないでしょう。それでもなお求められているということは、多岐にわたる知識や能力が、ＡＩの苦手な部分を補う上で重要であることの証拠ともいえます。

データサイエンティストが必要とされる以前は、学術知識に特化した人、ビジネス知識に特化した人というように、それぞれの分野に精通した人材を集めて、互いに協力しあう、いわば分業方式がおもに行われていました。しかしそれでは、あらゆる選択肢を一度に検討に乗せて、優れた選択肢だけに絞ることは困難です。それぞれの分野の人が個別に選択肢を作ってしまうと、それらをすべて俎上にのせて組み合わせ方を検討したり、組み合わせてできた無数の候補の中から有望なものに絞ったりするということが難しいからです。分業では補えない問題点が浮き彫りになってきたことが、データサイエンティストの必要性が叫ばれるようになった要因ともいえるでしょう。

幅広い知識を理解することは容易ではありません。しかし、すべての範囲を深く理解することが必要だというわけでもありません。各専門分野の深い知識は、専門の人に聞いたり任せたりすればいいのです。重要なのは、「各専門の人の知識をこんなふうに組み合わせれば、この問題を解決できるだろう」ということを思いつけるだけの、要点を捉えた幅広い理解をしておく、ということなのです。

その際、何か一つ武器になる深い知識をもって、それに組み合わせる形で知識を広げていく方がよいでしょう。データサイエンティストという言葉はすでに独り歩きをして意味が変わってきていますが、当初の意味は、「研究を積み重ねて深い学術知識を持った上で、ビジネスなどの幅広い知識を獲得していった人材」という意味合いだったといわれています。学術知識に限らず、どれか一つを深く理解した上で、他にも幅を広げて選択肢を多く持つということが、これからの時代において重要となるのではないかと思います。

テンソル社も、ＡＩの活用に際してさまざまな分野から要望を受けることがあります。中には太陽光発電であったり、航空機であったりと、まったく新しい分野の話にも出くわします。その際に、ただデータだけを預かってＡＩに与えても、効果的な結果が得られることはあまりありません。ＡＩは思考集中があまり得意ではないからです。
新しい分野でＡＩをうまく活用するためには、新しい知識を吸収していく必要があります。それは、太陽光発電や航空機のスペシャリストになるということではありません。各分野の方から有効な手立てを引き出せる会話ができるくらいに、各分野での要点を押さえた理解ができるようになることが必要なのです。

◎選択肢を効果的に絞り込むためには

知識を広げて選択肢を増やしても、それを効果的に絞り込めなければ正解はみつけられません。つまり、設定した目標に対して価値のある知識を選別できなければなりません。そのためには、知識をきちんと理解することが必要です。

「理解する」とは、二つの要素のつながりを見つけ出すことだと述べました。つまり、「原因と結果」といったようなつながりの把握が、理解する上で重要といえます。つながりを捉えていけば、正解とのつながりも見えてくるはずです。

そのためにはどうすればいいのでしょうか。実例を交えて考えてみましょう。[29]外食チェーン「天丼てんや」では持ち帰り販売もしているのですが、なぜか、ビーンズ赤羽店でだけ持ち帰り販売の比率が急増し、売り上げの8割を占めるようになってしまいました。ひょっとすると、店内販売に対する不満が潜んでいるかもしれないわけですから、その原因を知ることは重要でしょう。

利用者に聞いてみたところ、「子どもが多く、お店だとバタバタしちゃうので」という回答がありました。では、「子供の増加」が持ち帰り販売増加の原因なのでしょうか。もしそうだとすると、赤羽駅の近くでだけ子供のいる家庭が多くなったということになります。そんなことが起きているとは少し考えにくいですよね。ここを掘り下げずに、この回答を鵜呑みにしていては、「原因と結果」のつながりをきちんと理解しようとしているとは言えません。

仮にこれを信じて、子供が多い利用者も落ち着いて食事がとれるように店舗を改装したとしても、店内販売の利用者は増えない可能性があります。そうなると、改装分の費用が無駄になってしまいます。

理解を深めるためには、「なぜ、店内では落ち着かないのか」というように「なぜ」を掘り下げることが重要になります。「子供が周りに迷惑をかけないかが気になるから」というのが自然な解答でしょうが、本当にそうなのかを調べていかなければ、真の原因を理解することはできません。ビジネスでの格言にも、「なぜを5回繰り返せ」という言葉があります。疑問を掘り下げることが、知識をきちんと理解する上で重要といえるでしょう。

この話の真の原因はなんだったのでしょうか。それは「赤羽駅周辺で違法駐輪された自転車の撤去が強化されたから」でした。もともと赤羽駅周辺は放置自転車が多く、都内での最下位を記録していた地域でした。これを改善すべく、行政側が対策を強めた結果、ゆっくりと食事ができなくなったことが原因だったのです。子供が多ければ自転車の数も増えますし、食事にかかる時間も増えるでしょうから、店内で落ち着いて食事はしにくいでしょう。また、これは赤羽駅周辺でだけ起きたことですから、ビーンズ赤羽店でだけ持ち帰り販売が増えたということにも納得がいきます。

そして、この原因の場合、店内を改装しても意味がありません。むしろ駐輪スペースを確保すべきでしょう。「なぜ」をきちんと問い詰め、重要な関係性を理解することが大切であることがお分かりいただけたかと思います。重要な関係性を捉えられれば、幅広い選択肢の中からでも、AIよりも効率的に正解へのつながりを見つけ出せるようになると考えられます。

◎新しい選択肢を見つけ出すためには

つながりを捉えておくと、新しい発想にもつながります。世にあるアイディアの中には、他で生み出されたつながりを応用していることも少なくありません。

少し例をあげて考えてみましょう。[30] QBハウスという、短時間で済ませられる低価格なヘアカット専門店があります。QBハウスが特に力を入れているのが、トイレの脇への出店だそうです。これには、地代が安いというメリット以外にも、トイレにある「鏡」を活用したいという思惑があります。トイレに入って鏡に映る自分の髪が伸びていることに気づけば、「短時間で済むのなら、切ってもらおう」という気持ちが生まれてくるだろう、と考えたわけです。人の心理を想像して生み出した見事なアイディアと言えるでしょう。

さて、このアイディアの「つながり」を少し考えてみましょう。このアイディアで重要なポイントは、トイレで「鏡」を見たときに「少し切りたいな」と思わせることです。人はたいてい毎日鏡を見ています。朝、鏡をみて「少しみっともなくなってきたかな」と思っても、行きつけの店へ散髪しに行ってしまうでしょう。それではQBハウスを利用してはもらえません。

トイレで鏡を見たときに、「少しみっともなくなってきたかな」と思わせるためには、なんらかの前振りが必要になります。たとえば、トイレに入る直前に、「手早く散髪できる」という選択肢を頭に思い浮かばせる、といったことが考えられます。QBハウスでは多くの場合、待ち時間を示すランプが目立つように設置されています。これを視界の隅に入れてトイレに向かった人は、「あぁ、今ならすぐに切ってもらえるのか」と感じてまもなく、鏡を見ることになります。すると、「手早く散髪できる」という選択肢が頭にありますから、見た目がみっともなくはないか、という考えが頭に浮かびやすくなるのではないでしょうか。つまり、「手早く手入れできる」という選択肢を頭に浮かべさせる」→「鏡を見せる」というつながりが鍵となっていそうです。

ポイントを捉えて理解しておくと、他のことにも応用しやすくなります。たとえば、デパートなどにある服飾店の近くに、手軽に入れる（脱毛やネイルなどを取り扱う）美容サロンを設置する、といったことが考えられます。服飾店には試着室があります。服飾店を訪れた人は、手軽な美容サロンがあることを見た後で、試着室を利用することになります。すると、鏡を見て少し不安を覚えた人は、美容サロンを利用する可能性が高くなるのではないでしょうか。

さらにこの方法は、服飾店側にも効果をもたらす可能性があります。服の購入をしに来たわけですから、綺麗になったことによる気分の変化で、いろいろ購入しようという気持ちが高まる可能性があります。つまり、美容サロン側だけでなく、服飾店側の売り上げにも貢献する可能性もあるわけです。

これはあくまで例ですので、本当にうまくいくかは分かりません。ここでお伝えしたいことは、知識を掘り下げて、つながりをきちんと理解することで、選択肢を絞り込めるだけでなく、新しい応用へも活用できるようになるということです。そしてそのためには、「なぜを5回繰り返せ」という格言が示すように、疑問に思うことを突き詰めて考える癖をつけておくことが重要でしょう。

また、そもそも何を考えようとしていたか、つまり課題や目標は何だったのかを押さえておくことも重要です。課題や目標につながる選択肢だけに絞り込むことが、質の良い思考集中を実現するからです。「頭のいい人は、多くの事を考えている」と思われがちですが、それよりも「課題や目標につながる要素だけを考えている」ことの方が、大きいのではないかと思います。知識や選択肢は膨大にあります。AIが量で圧倒しようとしてもしきれないくらいに、大量にあるのです。人間がAIにできないことをするためには、「定めた課題や目標につながる」要素は何かをしっかり捉え、つながりをきちんと理解した知識を活用することが重要といえるでしょう。

AIが人間を超えるまでには

ＡＩには「動機：解決すべき課題を定める力」「目標設計：何が正解かを定める力」が欠けているため、近い未来に人間の仕事を完全に奪うことはできないだろうと述べました。しかし、ＡＩは退化しません。人間は過去の自分を取り戻すことは容易ではありませんが、ＡＩはデータとして保存しておくことができるので、何度でも過去の自分からやり直すことができます。つまり、ＡＩは常に成長し続けるので、いつかは人間と同じレベルに到達するでしょう。

では、それはいつなのでしょうか。もちろん誰にも分かりませんが、ＡＩ研究者であれば、ある程度正確な予測を立てられるでしょう。２０１５年にそれを行った研究結果があります[31]。総勢３５２名のＡＩ研究者に対し、ＡＩへの置き換わりなどがどの時点で発生するかを予想してもらったというものです。

図5-1は、ＨＬＭＩ（人間を超える知性をもったＡＩ）がどの時点で誕生するかという予想の集計結果です。この調査ではＨＬＭＩを、「人間の手を借りることなく、あらゆる作業を人間よりも優れた成果で、かつ人間に働かせるよりも安価にできる」ＡＩと定めています。

しかし、この定義は少しあやふやな面もあります。特に、自分で課題を発見して目標設計するという「動機」や「目標設計」の扱いが定かではありません。「人間の手を借りることなく」と

図5-1　HLMIの誕生確率

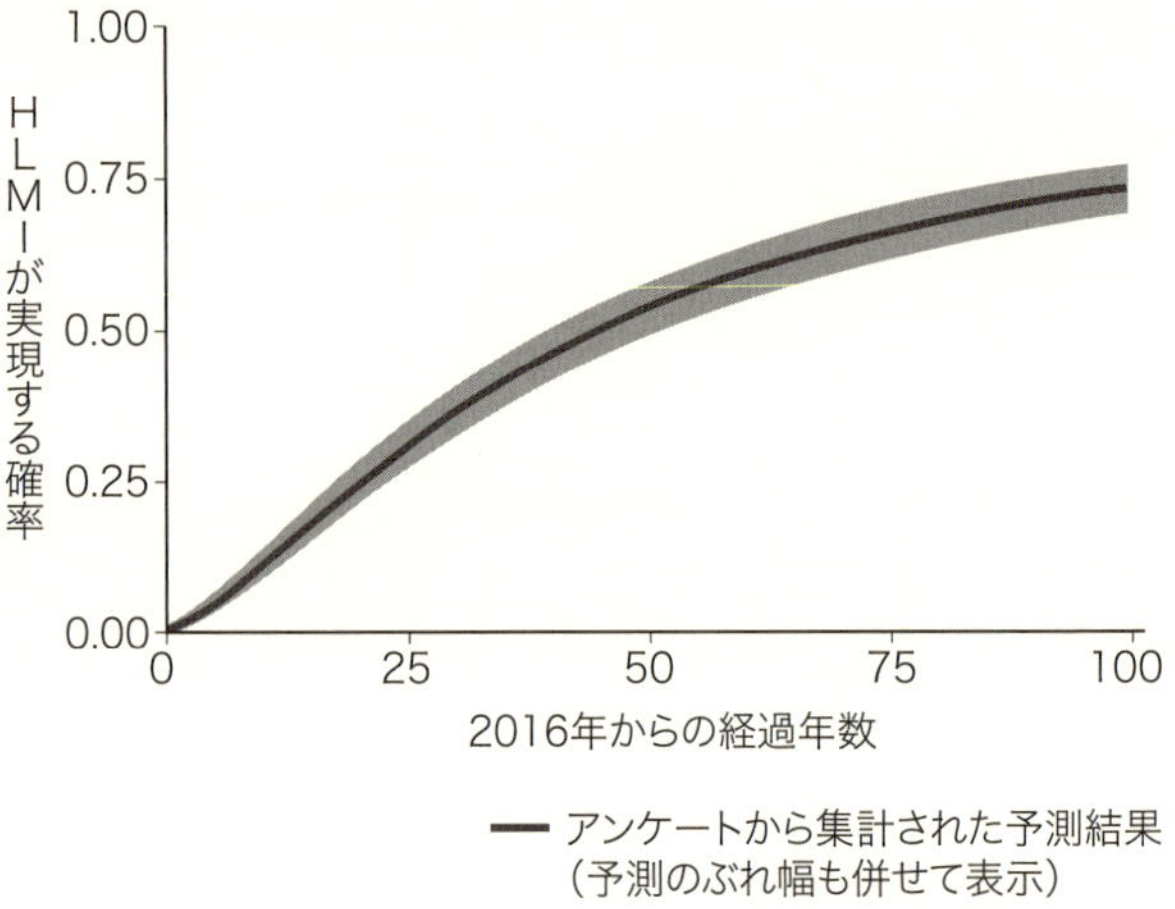

文献［31］より作成

いうのが、（目標設計をしてＡＩが作られた後で）実際に作業する際には人間の手を借りない、とも捉えられるからです。しかし、強いＡＩを達成する時期の一つの指標とはなるでしょう。

　これを見ると、２０１６年から45年後、つまり２０６１年にＨＬＭＩが誕生する可能性が約50％となっています。１００年後、つまり２１１６年になれば、その可能性が75％を超えるということです。今の現役世代が現役である間に、人間を超える見込みはあまり高くありませんが、次やその次の世代くらいになら見込めそうだと考えられているようです。さらに他の要素も含めた集計結果が図５-２です。

　ここで一つ重要な点としては、ＨＬＭＩが誕生したとしても、すべての仕事が

図 5-2　達成時期予測

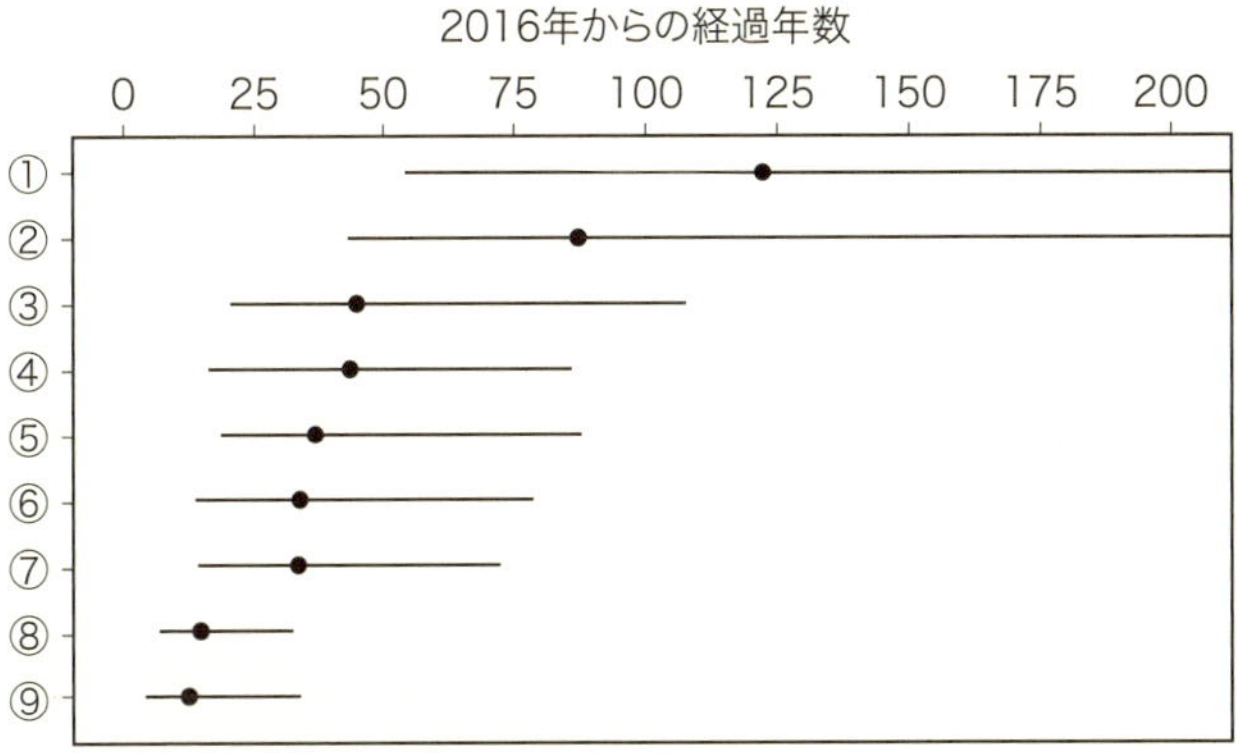

図の黒丸は、達成する確率が 50%となる時期を表している。 また、直線は達成する確率が 25%-75%の範囲を表している。

① すべての仕事が AI に置き換わる

② AI 研究者を AI 化できる

③ 人間を超える知性をもった AI(HLMI)が実現する

④ 優れた新しい数学理論を証明できる

⑤ 外科医を AI 化できる

⑥ パトナム競争でトップを争える

（パトナム競争：大学生を対象とした数学のコンクール）

⑦ NY タイムズ紙のベストセラーリストに載る小説を執筆する

⑧ 小売販売員を AI 化できる

⑨ 人間と同じ学習量で囲碁のトッププレイヤーに勝利する

文献［31］より作成

ＡＩに置き換わるのは、もっと先だと見込まれていることです。置き換わる確率が50％に到達するのは約１２２年後、つまり２１３８年くらいだと予想されています。

ＡＩが高い知性を獲得したとき、ＡＩ自身がＡＩの改革を行うことで、爆発的な性能向上が起こるとする説があります。これは知能爆発（類似する別の用語では、シンギュラリティーとも表現されます）と呼ばれていて、古くから一部のＡＩ研究者の間で信じられていました。しかし今回の調査で、知能爆発が起こる可能性は低いだろうと多くの研究者が考えていることも明らかになっています。

ただし、このアンケート結果にはいろいろと悩ましい部分もあります。たとえば、人間を超える知性（ＨＬＭＩ）を達成してから、すべての仕事を置き換えるまでに、どうして百年近い時間がかかるのか、すこし疑問を感じます。また、先ほど触れたように、ＨＬＭＩの定義で、「動機」や「目標設計」の観点がどうなっているかははっきりとしていません。アンケートに答えたＡＩ研究者の間で、ＨＬＭＩの捉え方が異なっている可能性も十分ありえます。一方で、「すべての仕事がＡＩに置き換わる」という定義は明確なので、信用できるでしょう。つまり、仕事がＡＩに奪われるまでには、まだかなりの時間がかかりそうです。

この調査で、仕事を奪われる可能性が一番低いと予想されているのがＡＩ研究者です。確かに、ＡＩが「動機」や「目標設計」を実現できたとしても、人間が安心してＡＩを受け入れられるようにしていく研究は必要となるでしょう。

　では、これ以外に奪われにくい仕事はないのでしょうか。個人的な予想ですが、芸術分野ではないかと思います。芸術は選択肢として「人の心に湧きあがる感覚」を扱っているため、選択肢の幅が広いと考えられます。音楽や美術といった芸術作品は、単に紡いだ音や描いた風景だけを考えているのではなく、それを見たり聞いたりした人の心の中に作品を作り上げることを想定しています。この音で太陽の日差しを感じさせたり、その風景で周囲から隔絶された気持ちを感じさせたりして、人の心の中に作品を生み出しているわけです。

　また、人の心に湧きあがるものは時代によっても変わります。現代音楽などでは、コンピュータグラフィックスを想起させるような表現を使ったりもします。選択肢は時代が変わるのに合わせて、多種多様に変わっていくわけです。そのため、ＡＩが扱うのは難しいのではないかと思われます。

　また、芸術には正解と呼べるものがあるかどうかも不明確です。良し悪しはあるでしょうが、これが最善というものはないのではないかと思います。そもそも芸術家は基本的に、他人とは違うもの、その人にしか出せないものを作ることを求められます。その人だけが持つ世界観、つまりはその人だけがもつ（世界に対する）価値判断のあり方が求められているとも解釈できます。

　したがって、「目標設計」のあり方そのものが芸術には求められている可能性があるわけです。仮に人間を超えるＡＩができたとしても、それは「目標設計」のあり方の一例でしかありません。つまり、ＡＩはあくまで優れた一芸術家になれるだけ、という可能性もありうるのです。このように、最善となる正解がただ一つ存在するわけではない箇所においては、ＡＩが人間の仕事を完全に奪えるとは限らないのではないかと思います。

ＡＩが人間に置き換わった未来

はるか遠い未来、ＡＩが人間と同じレベルへと到達した未来は、いったいどうなっているのでしょうか。ここはもう想像でしか語ることはできませんが、悲観する必要はないと思っています。先ほどのＡＩ研究者に対する調査においても、45％のＡＩ研究者が、人間を超えるＡＩの登場は、良い影響をもたらすだろうと考えています（これに対し、悲観的な意見は15％しかありませんでした）。

そもそもＡＩは、人間が生きるために仕事に追われることをなくそうとして開発されている面があります。ＡＩ化が進めば、衣食住をＡＩが自動で生成できるようになるでしょう。そうなれば、人間が生きていくこと自体に特に問題は起こらなくなってくると考えられます。

もちろん、ＡＩが進歩していく過程で、人間に悪い影響をもたらす結果が出てこないとは限りません。ＡＩを悪用する人間が出てくる可能性はありますし、「目標設計」を持ったＡＩが、人間の存在を肯定的に捉えない可能性もないとは言い切れません。こうした懸念に対し、ＡＩ活用における倫理を整えようという動きが各所で生まれています。

その際に重要なことは、ＡＩと人間が共生する幸せな世界を目指すという目標に向かう方法を、「みんな」で模索していくことではないかと思います。そしてその実現は、共に歩む存在であるＡＩについて無知な状態ではままならないでしょう。ＡＩを正しく理解し、課題を「動機」で正しく捉え、どういう解決を目指すべきかを「目標設計」で見定めていく、ということを「みんな」が意識していくことが重要なのではないかと思います。

ＡＩは退化しないため、いつかは人間を超えるでしょう。しかし、人間が不要になるとは限りません。先ほども触れたとおり、あくまでＡＩは知能の優れた一個人と捉える方が正しいと思います。人間はすべて同じではなく、その価値基準からくる個性を持っています。個性は価値観の在り方の差異であり、一概にどれが正解ということはないでしょう。自分と同じ価値判断を持ったＡＩが自分を補助してくれる、そんなＡＩと人間の世界が生まれるのではないかとも思っています。

また、全能なＡＩがあれば人間は何もしなくていい、とも限りません。これに関して、一つ面白い研究があります[32]。ＡＩのように永遠に生き続けて知識を吸収し続ける存在と、人間のように世代が変わるごとに知識が失われてしまう存在とを、比較してみたという研究です。

生物は世代交代をする際に、前の世代が培った知識を自動的に引き継ぐことはできません。基本的には失われてしまいます。しかし、ＡＩは永遠に学習し続けることができますから、前の世代の知識をそのまま引き継いでいる生物、と表現することもできます。そこで、人間のように、前の世代の知識を引き継げない生物と、ＡＩのように、前の世代の知識を引き継げる生物を仮想的な世界で育ててみます。そのなかで、天変地異が発生し、今まで培った知識がまったく使えない、むしろ逆効果になってしまうということが繰り返される状況を作ってみます。するとどうなるでしょうか。

残念ながら、前の世代の知識を引き継げる生物（ＡＩ）は環境の変化にほとんど対応できませんでした。端的に言ってしまえば、絶滅しかねない状況に陥ったのです。一方で、前の世代の知識を引き継げない生物（人間）は、世代を重ねるにつれてそんな過酷な環境にも対応できるようになっていったのです。

これはあくまで仮想的なシミュレーションであり、現実の世界でも同じことが起こるかは分かりません。しかし、人間がなぜ有限の命であり、培われた知識をそのまま引き継げないのか、それは急激な環境変化の中でも種を存続できるようにするため、という可能性も考えられるわけです。

つまり、これまでの知識を集約した全能なＡＩが生まれたとしても、未来におこるすべてに対応できるとは限らないのです。生物を繁栄させていく上で、人間がなさなくてはならない役割が永遠に残り続ける可能性は十分にあるわけです。

ただそうはいっても、仕事をする必要はほとんどなくなっていくでしょう。少なくとも、生きるために必死に働く必要はなくなると思われます。そのとき、人間は何をして暮らしているのでしょうか。

あくまで想像でしかありませんが、人間は働かなくてもいい状況になったとしても、新しい何かを作り出して誰かに与える、という営みは続けていくのだろうと思っています。それは生きるためにやるのではなく、自分がそうしたいからやるようになっていくのではないかということです。

最後に、一つの研究を紹介して締めくくりたいと思います[33]。まず、2歳未満の幼児にお菓子を与えます。そのあとで、お菓子のうち一つをぬいぐるみに与えるように促しました。その際の幼児の反応から幸福度を評価したところ、お菓子をもらったときより、ぬいぐるみに分け与えたときの方が、幸福度が高かったのです。さらに、分け与えるお菓子が自分のものかどうかによっても、幸福度が異なっていました。誰かに手渡された直後のお菓子、つまり自分のものだとは思えないお菓子を分け与えるより、自分に分け与えられたお菓子から分け与える方が、幸福度が高くなっていたのです。

過去の研究で、大人が人を助けることに満足感を得ることは分かっていましたが、幼児の段階ですでにその考え方を持っていることが研究によって明らかになったのです。つまり、人は生まれながらにして誰かに何かを与えたり助けたりすることに幸せを感じる生き物である、ということなのでしょう。

楽観的な考え方かもしれませんが、人間が生まれながらにして、誰かに何かを与えたり助けたりすることに幸せを感じるという事実は、明るい未来を期待させてくれるものではないかと思います。ＡＩによって、生きるために働く必要がなくなった遠い未来、人は誰かを喜ばせるためだけに何かを生み出していく、そういう理想的な世界に辿り着いていけるのではないでしょうか。

もちろん、そう理想通りに進むとは限らないかもしれません。ただ、そのような理想を目指して、一人ひとりがＡＩを正しく理解して向き合っていくこと、それこそが、これからの時代において必要なことなのではないかと思っています。

あとがき

小学生の頃、寝つきが悪かった私が、布団の中で毎日のように空想していたことがあります。その空想は、自分の手足を機械の手足に取り替える手術のシーンから始まります。そして臓器なども同様に、ひとつずつ人工臓器に取り替えていくのです。最後に残った脳を取り替え終えれば、私のすべてが機械に置き換わったことになります。このとき、果たして私の意識はこの機械の体にちゃんと残せるのだろうか？　この空想の答えを知りたいという気持ちが私の今の仕事につながり、この本の執筆へと導いたのではないかと思っています。

最後に本文で触れなかったことを少し記しておこうと思います。本書では、今のＡＩに知性がないことをお話ししました。そしてＡＩに知性を与えるためには、動機、目標設計、思考集中、発見の四つの力が必要不可欠であると述べてきました。では私たち人間はこの四つをどのように獲得したのでしょうか。

すべての物質が電子や陽子、中性子、さらにそれらが素粒子からなることが解明されたとしても、世界がどのようにしてこの形に辿り着いたのかというメカニズムを説明できているわけではありません。ＤＮＡの配列が全部分かっても、それでもなお生命のメカニズムの解明には程遠いのです。人間の知性が大量のニューロンの網の目の中に存在しているのは確かでしょうが、それで知性が生じるメカニズムが示せているわけではないのです。本文の中で人間が持つ知性の源は、サバイバル能力にあると述べましたが、サバイバル能力がどのようなメカニズムで四つの力を生み出したのかが、私にはまだ見えていないのです。ここにはまだまだ、大きな論理の飛躍があります。

そもそも、カーボン（炭素）でできている私たち人間の知性と、シリコン（ケイ素）でできているAIの知性の決定的な違いは何なのでしょう。それとも本質は同じなのでしょうか。サバイバル能力（生き延びるための能力）は、命をもった生物だけがもつ能力なのでしょうか。命のないコンピュータにサバイバル能力、そして知性を持たせることはできるのでしょうか。電源を抜かれそうになったAIが本気で逃げ惑うことはあるのでしょうか。知性を獲得しサバイバル能力をもったAIには、生命が宿ったといってもよいのでしょうか。

AIの命は温かいのか、冷たいのか。そんな空想にも終わりが来るのでしょうか。

本書では、専門ではない脳科学や量子コンピュータについて触れさせていただきました。門外漢な私の主張に、快く助言をくださった玉川大学脳科学研究所の酒井裕教授、横浜国立大学大学院工学研究院の今野紀雄教授には、深く感謝申し上げます。

事例紹介をご快諾いただいたLINE株式会社、株式会社ジェーシービー、株式会社エムアイカードの各社には、具体的な事例により説得力のある内容にできたことに、改めて謝辞を申し上げます。

経済小説家の幸田真音さんには、一般書を執筆するにあたってのさまざまなヒントをいただきました。初めての一般書をなんとか書き上げられたのは、彼女のおかげです。誠にありがとうございました。

日本評論社編集者の筧裕子さんには、遅い執筆に我慢強くお待ちいただき、一般読者に読みやすい表現のご助言や、図版作成について多大なご協力をいただきました。大変読みやすい本になったのはひとえに筧さんのおかげです。

最後に、テンソル社の高橋佐良人さん、築地毅さん、藤本祐子さん、落合麗子さん、宮武孝尚さん、阿部裕司さんをはじめ社員全員には、忙しい中、技術面や表現について何度も推敲いただいたことに感謝申し上げます。みなさんのご協力がなければ、本書は完成しなかったと思います。

２０１９年１月７日　　藤本浩司
柴原一友

注

1▸現在のユニシス社はバロースがユニバックを買収してできました．DEC 社は最終的に現ヒューレットパッカード社に買収されています．

2▸DEC 社による，コンピュータのシステム構成を設計するエキスパートシステムがその一例です．この AI は，設計したいコンピュータシステムの利用者数や，保存しなければならないデータの量，利用目的といった各種要望を入力することで，適切なシステム構成（記憶装置の構成や CPU の性能，ネットワーク構成など）を提示してくれるというものでした．さらには適正な見積書（システム構成で必要となる費用の資料）も自動で作成してくれました．

3▸余談ですが，「目標設計」は「動機」とも関係があります．なぜなら，「動機」は，「異なる課題を一斉に並べたとき，どれを優先して選ぶべきかを判断する基準」とも言い換えられるからです．ほとんどの場合，正解の基準は課題によって異なるでしょう．よって，異なる課題を見比べて順位付けができる，何らかの統一的な評価基準をつくるということが，「動機」とも言えるわけです．

4▸ある解答がどのくらい正解に近いのか，という基準は，AI 専門家の間では，損失関数やリグレットなどと呼んでいます．

5▸背景から，動物の生息域などを読み取って考慮する可能性はありますが，最終的な課題は「写っている物体が何なのか」ですので，重要視はしないでしょう．

6▸この問題点は，「フレーム問題」と呼ばれています．ただ，「フレーム問題」はさまざまな AI 研究者によっていろいろな定義がなされていて，意味が曖昧になっているので，本書では「フレーム問題」という切り口では触れないことにします．

7▸ニューラルネットワークの一つであるホップフィールドネットワークや，ボルツマンマシンといったものが知られています．

8▸マッキンゼーはビジネスのコンサルティングを手掛けるトップクラスの会社ですので，「理解する」ことをビジネス的な観点から捉えていると期待できます．

9▶「AIは理解していない」と感じる要因として，今のAIには「意識」がないことも挙げられます．AIは「○○を理解している」と自覚することはないのです．

10▶この研究の目的は，AIが「騙されてしまう」画像を作って，それをきちんと正解できるように学習しなおす，というものです．こういった判断ミスをしないようにするための研究は，今もなお進められているのです．

11▶「ワトソンはAIなのか？」とよく質問されますが，AIの一つです．IBM社自身が，「ワトソンはAIではなく，コグニティブコンピューティングです」と表現する場合があるので，混乱する人がいても当然ですが，AIで間違いありません．もちろん，あくまでAIの一分野であって，AI全体を指し示しているわけでもありません．

12▶Siriや AIスピーカーは，この質問応答システムに付け加えて，音声で受けた質問を文字に変換する音声認識AIと，質問応答システムが作成した回答文を音声にして返す音声合成AIも用意されています．さらには，単純に音声で答えを返すだけではなく，頼まれたジャンルの音楽を探して曲を流したり，頼まれた商品を購入したりすることもできます．これらもまた，それぞれの作業を行ってくれるAIを用意してつなげているのです．

13▶もちろん，質問応答システムは「検索エンジン」の機能だけで構成されているわけではありません．探索してきた文章から目的の回答を見つけ出すところにも，言語系AI特有の技術が含まれています．ヤフーやグーグルなどの検索エンジンでは，見つかった文書のリストを示してくれるところまでですから，そこからは自分でその文書を読んで，回答を探さなくてはなりません．質問応答システムなら，文書中にある文章を解析し，どの単語が，「富士山の高さ」の値を示しているのかを判断して，回答を見つけてくれます．

14▶より厳密に言うと，「対話として過去に交わされたことがありそうな応答を返す」と言った方が正しいでしょう．過去に交わされた応答そのままでしか返答できないわけではありません．ただし，本文では分かりやすさを優先して，「対話として過去に交わされたことがある応答を返す」としています．

15▶「パラメトリック手法」であるベイズ理論の手法を大量に組み合わせて，

「ノンパラメトリック手法」っぽくするという考え方（ノンパラメトリックベイズ）もあります．しかし，あくまで「ノンパラメトリック手法」っぽくするというだけなので，ノンパラメトリックベイズと表現すべきではないという人もいます．

16▶厳密にいうと，「部屋をきれいにする」という表現では，どうなればきれいになったといえるのかが分かりません．そのため，掃除ロボットは多くの場合「部屋をくまなく移動する（つまり掃除する）」ということを目標にします．ここでは分かりやすさを優先するため，あえて曖昧な表現で説明しています．

17▶これは，「ある自動運転車が 1 万回の判断をする過程において 1 回間違える」という意味ではありません．厳密には誤解を招きかねない表現なのですが，ここでは分かりやすさを優先して，あえてこう表現しています．

18▶「どんな情報を集めるべきか」というのも，「解決すべき課題を発見する上での課題はなにか」を見定めなければできません．

参考文献

[1] 日本経済新聞, “ついに人工知能が銀行員に「内定」 IBM ワトソン君”, 2015. https://www.nikkei.com/article/DGXMZO84596040Z10C15A3X11000/

[2] engadget, “Google, AI が喋って電話予約するシステム Duplex 発表. 外国語やネット予約不可でもアシスタント任せ”, 2018. https://japanese.engadget.com/2018/05/08/google-ai-duplex/

[3] 郵政博物館, “博物館ノート 最初の郵便番号自動読取区分機”, 2014. https://www.postalmuseum.jp/column/collection/post_27.html

[4] Response, “世界初, 自動運転タクシーによる営業走行開始 ZMP と日の丸交通”, 2018. https://response.jp/article/2018/08/27/313370.html

[5] Tao Xu, Pengchuan Zhang, Qiuyuan Huang, Han Zhang, Zhe Gan, Xiaolei Huang, Xiaodong He, “AttnGAN: Fine-Grained Text to Image Generation with Attentional Generative Adversarial Networks”, *Computer Vision and Pattern Recognition*, pp. 1316–1324, 2018.

[6] Jun-Yan Zhu, Taesung Park, Phillip Isola, Alexei A. Efros, “Unpaired Image-to-Image Translation using Cycle-Consistent Adversarial Networks”, in *IEEE International Conference on Computer Vision (ICCV)*, 2017.

[7] David Silver, Thomas Hubert, Julian Schrittwieser, Ioannis Antonoglou, Matthew Lai, Arthur Guez, Marc Lanctot, Laurent Sifre, Dharshan Kumaran, Thore Graepel, Timothy Lillicrap, Karen Simonyan, Demis Hassabis, “Mastering Chess and Shogi by Self-Play with a General Reinforcement Learning Algorithm”, arXiv preprint arxiv: 1712. 01815, 2017.

[8] 日本経済新聞, “ポテチと黒烏龍茶, 意外な消費の組み合わせ”, 2011. https://www.nikkei.com/article/DGXNASFK0302H_T00C11A6000000/

[9] Quoc V. Le, Marc'Aurelio Ranzato, Rajat Monga, Matthieu Devin, Kai Chen, Greg S. Corrado, Jeff Dean, Andrew Y. Ng, “Building High-

level Features Using Large Scale Unsupervised Learning", in *Proceedings of the 29th International Conference on Machine Learning*, 2012.

[10] Shoichiro Yamaguchi, Naoki Honda, Muneki Ikeda, Yuki Tsukada, Shunji Nakano, Ikue Mori, Shin Ishii, "Identification of animal behavioral strategies by inverse reinforcement learning", *PLoS Comput. Biol.* 14 (5): e1006122, 2018.

[11] Chris L. Baker, Julian Jara-Ettinger, Rebecca Saxe, Joshua B. Tenenbaum, "Rational Quantitative Attribution of Beliefs, Desires and Percepts in Human Mentalizing", *Nature Human Behaviour*, 1 (4), 0064, pp. 1-10, 2017.

[12] Neil C. Rabinowitz, Frank Perbet, H. Francis Song, Chiyuan Zhang, S.M. Ali Eslami, Matthew Botvinick, "Machine Theory of Mind", arXiv preprint arxiv: 1802. 07740, 2018.

[13] Graham Ernest Rawlinson, "The significance of letter position in word recognition", Unpublished PhD Thesis, Psychology Department, University of Nottingham, Nottingham UK, 1976.

[14] 安宅和人,『イシューからはじめよ ── 知的生産の「シンプルな本質」』, 英治出版, 2010.

[15] Karen Simonyan, Andrew Zisserman, "Very Deep Convolutional Networks for Large-Scale Image Recognition", *International Conference on Learning Representations*, 2015.

[16] Oriol Vinyals, Alexander Toshev, Samy Bengio, Dumitru Erhan, "Show and Tell: A Neural Image Caption Generator", *2015 IEEE Conference on Computer Vision and Pattern Recognition* (*CVPR*), 3156-3164, 2015.

[17] Ian J. Goodfellow, Jonathon Shlens, Christian Szegedy, "Explaining and Harnessing Adversarial Examples", *International Conference on Learning Representations* (*ICLR*), 2015.

[18] I. NEWS, "AlphaGo の運用料金は 30 億円以上？", 2016. http://www.itmedia.co.jp/news/articles/1603/24/news058.html

[19] Xianchao, Shinichiro isago, Kazuna Tsuboi, Wu, "りんなを徹底解剖. "Rinna Conversation Services" を支える自然言語処理アルゴリズム",

de: code 2016, 2016.

[20] Hongyi Zhang, Moustapha Cisse, Yann N. Dauphin, David Lopez-Paz, "mixup: Beyond Empirical Risk Minimization", *International Conference on Learning Representations,* 2018.

[21] Carl Benedikt Frey and Michael A. Osborne, "The future of employment: How susceptible are jobs to computerisation?", *Technological Forecasting and Social Change* 114, pp. 254–280, 2013.

[22] アクセンチュア株式会社，"アクセンチュア最新調査 ── 大半のメーカーが AI を導入している一方，大規模な活用に至っている割合はわずかだと判明"，2018. https://www.accenture.com/jp-ja/company-news-releases-20180522

[23] 日本経済新聞，"京急が遅れないワケ　手作業の運行に強み"，2016. https://www.nikkei.com/article/DGXMZO09390620Q6A111C1XM1000/

[24] GIGAZINE，"Google Photos が黒人をゴリラと認識した事件で開発者が謝罪"，2015. https://gigazine.net/news/20150702-google-photos-gorilla/

[25] GIGAZINE，"Google はゴリラ画像を検索結果からブロックしている"，2018. http://gigazine.net/news/20180115-google-gorilla-ban/

[26] Smithsonian.com, "We've Put a Worm's Mind in a Lego Robot's Body", 2014. https://www.smithsonianmag.com/smart-news/weve-put-worms-mind-lego-robot-body-180953399/?no-ist

[27] 理化学研究所，脳科学総合研究センター編，『つながる脳科学 ──「心のしくみ」に迫る脳研究の最前線』，講談社，2016.

[28] John Martyn Harlow, "Recovery from the passage of an iron bar through the head", *Publications of the Massachusetts Medical Society* 2: 327–47, 1868.

[29] 東洋経済 ONLINE，"「異常に持ち帰りが多くなった」天丼店の真実"，2015. https://toyokeizai.net/articles/-/76256

[30] DIAMOND online，"なぜ 1000 円カットの QB ハウスは，トイレの脇にあるのか．技術への期待値を意識的に下げた顧客満足度戦略"，2011. https://diamond.jp/articles/-/12913

[31] Katja Grace, John Salvatier, Allan Dafoe, Baobao Zhang, Owain Evans, "When Will AI Exceed Human Performance? Evidence from AI

Experts", *Journal of Artificial Intelligence Research* 62 729-754, 2018.

[32] 所真理雄，佐々木貴宏，“動的環境下における学習と遺伝・進化：ダーウィニズムとラマルキズムの比較”，『物性研究』（京大物性研究刊行会），vol. 68, no. 5, pp. 717-726, 1997.

[33] Lara B. Aknin, J. Kiley Hamlin, Elizabeth W. Dunn, “Giving Leads to Happiness in Young Children”, *PLoS ONE*, 2012; 7 (6): e39211 DOI: 10.1371/journal.pone.0039211, 2012.

藤本浩司（ふじもと・こうじ）

1985年上智大学理工学部数学科卒業。
1999年東京農工大学大学院工学研究科博士後期課程修了、博士（工学）。
製薬会社、クレジットカード会社などを経て、
2007年よりテンソル・コンサルティング株式会社代表取締役社長。
東京農工大学客員教授。
著書
『データマイニング手法』（共訳、海文堂出版）
『動きを理解するコンピュータ』（監訳、日本評論社）
『プロフェッショナル英和辞典 SPED TERRA』（分担執筆、小学館）
『テクノロジー・ロードマップ 2017-2026 金融・マーケティング流通編』（分担執筆、日経BP）

柴原一友（しばはら・かずとも）

2007年東京農工大学大学院工学府博士後期課程修了、博士（工学）。
東京農工大学特任助教を経て、
2009年よりテンソル・コンサルティング株式会社。
現在、同社の主席数理戦略コンサルタント。
東京農工大学客員講師。
著書
『ゲーム計算メカニズム』（共著、コロナ社）
『動きを理解するコンピュータ』（共訳、日本評論社）
『テクノロジー・ロードマップ 2017-2026 金融・マーケティング流通編』（分担執筆、日経BP）

AIにできること、できないこと
ビジネス社会《しゃかい》を生《い》きていくための4つの力《ちから》

2019年 2月25日　第1版第1刷発行
2019年12月20日　第1版第3刷発行

著者 ―― 藤本浩司・柴原一友
発行所 ―― 株式会社 日本評論社
〒170-8474 東京都豊島区南大塚3-12-4
電話 (03) 3987-8621［販売］
(03) 3987-8599［編集］
印刷 ―― 株式会社精興社
製本 ―― 井上製本所
装幀 ―― 山田信也（スタジオ・ポット）

ISBN 978-4-535-78877-0